Sorting

DFS

Queue

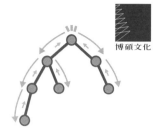
博碩文化

OUT ↑↓ IN

OUT ↑↓ IN

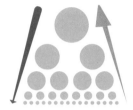

BFS

從**零**搞懂**演算法**

12種 **演算法** + **6**種 **資料結構**

超圖解入門

Sam T. 著

U0141322

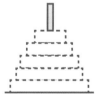

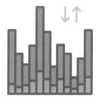

初學者友善
從0到1
無痛入門

提供完整程式碼
輕鬆接觸
演算法

LeetCode實戰
教學,工作面試
超加分

分享「演算法」
於職場上的
價值與意義

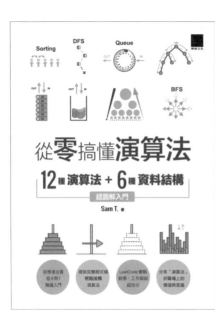

作　　者：Sam T.
責任編輯：Cathy

董 事 長：曾梓翔
總 編 輯：陳錦輝

出　　版：博碩文化股份有限公司
地　　址：221 新北市汐止區新台五路一段 112 號 10 樓 A 棟
　　　　　電話 (02) 2696-2869　傳真 (02) 2696-2867

郵撥帳號：17484299　戶名：博碩文化股份有限公司
博碩網站：http://www.drmaster.com.tw
讀者服務信箱：dr26962869@gmail.com
讀者服務專線：(02) 2696-2869 分機 238、519
（週一至週五 09:30 ～ 12:00；13:30 ～ 17:00）

版　　次：2024 年 9 月初版

建議零售價：新台幣 750 元
I S B N：978-626-333-948-4
律師顧問：鳴權法律事務所 陳曉鳴 律師

國家圖書館出版品預行編目資料

從零搞懂演算法：12 種演算法 +6 種資料結構，超圖解
入門 /Sam T. 作 . -- 初版 . -- 新北市：博碩文化股份有
限公司，2024.08
　面；　公分
ISBN 978-626-333-948-4(平裝)

1.CST: 演算法 2.CST: 資料結構

318.1　　　　　　　　　　　　　　　　113011794

Printed in Taiwan

歡迎團體訂購，另有優惠，請洽服務專線
博 碩 粉 絲 團　(02) 2696-2869 分機 238、519

序　言

從零開始：演算法其實不用那麼難

你是否覺得學習演算法總是讓你感到挫折，無法掌握重點？

你是否想要真正理解演算法，而不是僅僅背誦解法？

本書的誕生正是為了解決這些痛點。學習演算法其實不用那麼難，難的是找到一個系統性的學習資源、難的是將理論應用於實際生活問題上、難的是在學習時圖像化演算法的進行過程。在撰寫這本書的過程中，我不斷反思如何以最簡單、最直觀的方式來傳達複雜的概念。我的期望是，無論你是剛開始學習演算法的新手，還是希望深入理解的專業人士，都能從中受益。我相信，透過這本書的學習，你將不再視演算法為畏途，而是一個能夠幫助你解決問題、開創新思維的有力工具。

本書從零開始，帶領讀者逐步了解 12 種演算法與 6 種資料結構，透過「圖解架構」結合「生活情境」，快速掌握「演算法」這項重要技能。章節安排上，精心設計了 7 大步驟，帶領你一步步了解演算法術語、常用資料結構、經典演算法策略。最後，透過 FAANG 海外大廠面試白板題，實際驗證學習成果。

- 第一步：「演算法」與「資料結構」的定義與關係
- 第二步：理解什麼是「好」的演算法
- 第三步：入門資料結構 - Array & List
- 第四步：掌握 DFS & BFS 兩大演算法策略
- 第五步：學習 3 大排序演算法
- 第六步：進階資料結構 - Stack & Queue
- 第七步：探索 5 大演算法策略
- 實戰篇：Google | Apple | Microsoft 面試白板題

最後，我要感謝所有支持和鼓勵我完成這本書的人，特別是那些在學習過程中不斷提出問題並激勵我深入探討的學生們。希望這本書能對你們有所幫助，並激發你們對演算法的興趣與熱情。

用圖片高效學程式 創辦人 *Sam T.*

目 錄

| 0 | 為什麼要學演算法 | 0-1 |

0-1　軟體職涯談：演算法在工作上真的用得到嗎？ 0-2

0-1-1　軟體界的必要之惡：面試白板題 0-2

0-1-2　工作中的演算法長這樣 0-2

0-1-3　面試中的演算法長這樣 0-2

0-2　軟體職涯談：避開冤枉路，演算法其實該這樣學 0-3

0-2-1　第一步：「演算法」與「資料結構」的定義與關係 0-3

0-2-2　第二步：什麼是「好」的演算法？ 0-3

0-2-3　第三步：Array & List 入門資料結構 0-3

0-2-4　第四步：DFS & BFS 兩大演算法策略 0-4

0-2-5　第五步：3 大排序演算法（Bubble、Insertion、Selection） 0-4

0-2-6　第六步：Stack & Queue 進階資料結構 0-4

0-2-7　第七步：5 大演算法策略 0-4

| 1 | 打開演算法的大門 | 1-1 |

1-1　一次搞懂「資料結構」與「演算法」到底是什麼 1-2

1-1-1　前言 1-2

1-1-2　什麼是「原始資料」 1-2

1-1-3　什麼是「資料結構」 1-2

1-1-4　原始資料→特定資料結構 I：改變觀點 1-4

1-1-5　原始資料→特定資料結構 II：資料排序 1-5

1-1-6　什麼是「演算法」 1-6

1-1-7 演算法、資料結構與資料的三角關係..............................1-8

1-1-8 實際案例 I：二元樹..1-8

1-1-9 實際案例 II：二元搜尋樹...1-9

1-1-10 實際案例 III：二元堆積樹..1-10

1-1-11 小結..1-10

1-2 演算法的品質：什麼才是「好」的演算法.............................1-12

1-2-1 前言...1-12

1-2-2 Big O 的介紹與計算..1-12

1-2-3 Big O 成本類別：n^0...1-14

1-2-4 Big O 成本類別：log(n)...1-15

1-2-5 Big O 成本類別：n...1-15

1-2-6 Big O 成本類別：n log(n)..1-16

1-2-7 Big O 成本類別：n^2...1-17

1-2-8 Big O 成本類別：2^n...1-18

1-2-9 Big O 成本類別：n!..1-19

1-2-10 小結...1-20

1-3 演算法的基底結構：陣列（Array）vs
鏈結串列（Linked List）...1-21

1-3-1 前言...1-21

1-3-2 陣列（Array）介紹...1-21

1-3-3 陣列搜尋 I：By Value..1-21

1-3-4 陣列搜尋 II：By Index...1-22

1-3-5 陣列新增 I：By Value..1-22

1-3-6 陣列新增 II：By Index...1-23

1-3-7 陣列新增 III：共同問題...1-23

1-3-8 陣列刪除 I：By Value..1-24

從零搞懂演算法：12種演算法＋6種資料結構，超圖解入門

1-3-9 陣列刪除 II：By Index 1-25

1-3-10 陣列（Array）小結 1-26

1-3-11 鏈結串列（Linked List）介紹 1-27

1-3-12 鏈結串列搜尋 I：By Value 1-28

1-3-13 鏈結串列新增 I：By Value 1-28

1-3-14 鏈結串列刪除 I：By Value 1-29

1-3-15 鏈結串列（Linked List）小結 1-30

1-3-16 陣列（Array）使用時機 1-30

1-3-17 鏈結串列（Linked List）使用時機 1-31

1-3-18 小結 1-31

1-4 演算法的實作風格 I：迴圈（loop）x 吃角子老虎 1-33

1-4-1 前言 1-33

1-4-2 迴圈實作 I：for loop 1-33

1-4-3 迴圈實作 II：while loop 1-34

1-4-4 小結 1-34

1-5 演算法的實作風格 II：遞迴（recursion）x 老和尚說故事 1-34

1-5-1 前言 1-34

1-5-2 遞迴觀念：老和尚說故事 1-35

1-5-3 遞迴實作：費氏數列（Fibonacci） 1-35

1-5-4 小結 1-36

1-6 演算法的基底策略：衝到底（DFS）vs 平均走（BFS） 1-37

1-6-1 前言 1-37

1-6-2 登山客問題：DFS 走到底運用 1-37

1-6-3 登山客問題：BFS 平均走運用 1-39

1-6-4 登山客問題：小結 1-42

1-6-5 導遊的路線規劃：BFS 平均走運用 1-42

1-6-6　導遊的路線規劃：小結 1-44

1-7　演算法好兄弟：衝到底（DFS）+ 遞迴（Recursion）...........1-45

1-7-1　前言 1-45

1-7-2　DFS 與遞迴的關聯介紹：單一分支 1-45

1-7-3　DFS 與遞迴的關聯介紹：多個分支 1-51

1-7-4　DFS 運用：找到第一顆橘子 1-82

1-7-5　小結 1-89

1-8　演算法好姐妹：公平走（BFS）+ 迴圈（Loop）..................1-90

1-8-1　前言 1-90

1-8-2　BFS 與迴圈的關聯介紹：最短路徑 1-90

1-8-3　小結 1-97

2　初出茅廬，小試身手：「三大排序演算法」　　2-1

2-1　氣泡排序（Bubble Sort）...2-2

2-1-1　前言 2-2

2-1-2　情境：大隊接力棒次安排 2-2

2-1-3　Bubble Sort 演算法：第一輪排序 2-2

2-1-4　Bubble Sort 演算法：第二輪排序 2-6

2-1-5　Bubble Sort 演算法：第三輪排序 2-8

2-1-6　Bubble Sort 演算法：第四輪排序 2-10

2-1-7　Bubble Sort 演算法：第五輪排序 2-11

2-1-8　小結 2-12

2-2　插入排序（Insertion Sort）...2-12

2-2-1　前言 2-12

2-2-2　Insertion Sort 演算法：第一輪排序 2-13

2-2-3　Insertion Sort 演算法：第二輪排序 2-14

2-2-4　Insertion Sort 演算法：第三輪排序 2-15

2-2-5　Insertion Sort 演算法：第四輪排序 2-16

2-2-6　Insertion Sort 演算法：第五輪排序 2-19

2-2-7　小結 2-20

2-3　選擇排序（Selection Sort）..2-21

2-3-1　前言 2-21

2-3-2　Selection Sort 演算法：第一輪排序 2-21

2-3-3　Selection Sort 演算法：第二輪排序 2-22

2-3-4　Selection Sort 演算法：第三輪排序 2-23

2-3-5　Selection Sort 演算法：第四輪排序 2-23

2-3-6　Selection Sort 演算法：第五輪排序 2-24

2-3-7　小結 2-25

3　掌櫃的，來一碗資料結構！　　　　　　　3-1

3-1　Stack（LIFO）：吃洋芋片也能學資料結構！？Σ(ﾟдﾟ)..........3-2

3-1-1　前言 3-2

3-1-2　情境：生活中的洋芋片 3-2

3-1-3　Stack 的實現：陣列（Array）...3-3

3-1-4　Stack 常見運用場景 I：河內塔 3-6

3-1-5　Stack 常見運用場景 II：簡易遞迴 3-6

3-1-6　Stack 常見運用場景 III：進階遞迴 3-10

3-1-7　小結 3-16

3-2　Queue（FIFO）：排隊買票看電影 3-17

3-2-1　前言 3-17

3-2-2　情境：排隊看電影 3-17

3-2-3　Queue 的實現 I：陣列（Array）............................. 3-18

3-2-4　Queue 的實現 II：環形陣列（Circular Queue）...... 3-20

3-2-5　小結 3-25

3-3　Priority Queue：排隊上廁所，憋不住啦！ ⑳д⑳ 3-26

3-3-1　前言 3-26

3-3-2　情境：實驗室燒瓶的最大值 3-26

3-3-3　小結 3-30

4　扎根腳步：五大演算法策略　　　4-1

4-1　貪婪法（Greedy）：自信心爆棚，找零錢 4-2

4-1-1　前言 4-2

4-1-2　貪婪法的意外狀況 4-2

4-1-3　貪婪法的成功條件 4-7

4-1-4　小結 4-9

4-2　貪婪法（Greedy）：自信心爆棚，走迷宮 4-9

4-2-1　前言 4-9

4-2-2　走出迷宮：找出最小路徑成本 4-10

4-2-3　小結 4-41

4-3　枚舉法（Enumeration）：我不聰明，但我很實在 4-42

4-3-1　前言 4-42

4-3-2　全球航班規劃：找尋合格解與最佳解 4-43

4-3-3　小結 4-49

4-4　回溯法（Backtracking）：菜市場挑橘子，找出合格解們 4-49

4-4-1　前言 4-49

4-4-2　全球航班規劃：找尋合格解 4-50

4-4-3　小結 4-58

4-5　分支界限法（Branch and Bound）：丈母娘選婿，

挑出最佳解 4-59

4-5-1　前言 4-59

4-5-2　全球航班規劃：找尋最佳解 4-59

4-5-3　小結 4-77

4-6　暴力解策略：枚舉法 vs 回溯法 vs 分支界限法 4-78

4-6-1　前言 4-78

4-6-2　枚舉法（Enumeration）的使用時機 4-78

4-6-3　回溯法（Backtracking）的使用時機 4-79

4-6-4　分支界限法（Branch and Bound）的使用時機 4-80

4-6-5　小結 4-80

4-7　分治法（Divide & Conquer）：大事化小，小事化無 4-81

4-7-1　前言 4-81

4-7-2　分治演算法 I：Decrease and Conquer 4-81

4-7-3　分治演算法 II：Divide and Conquer 4-85

4-7-4　小結 4-88

4-8　分治法（Divide & Conquer）：河內塔經典題 4-88

4-8-1　前言 4-88

4-8-2　河內塔（Hanoi Tower）介紹 4-89

4-8-3　河內塔：基底問題（Base Case）定義 4-89

4-8-4　河內塔：子問題（Sub-Problem）定義 4-90

4-8-5　河內塔：分治法的拆解模式 4-93

4-8-6　小結 4-96

4-9 分治法（Divide & Conquer）：河內塔（Hanoi Tower）
程式碼實作 4-97

    4-9-1　前言 4-97

    4-9-2　河內塔實作 I：狀態初始化 4-97

    4-9-3　河內塔實作 II：遞迴方法實作 4-100

    4-9-4　河內塔實作 III：基底問題（Base Case）定義 4-103

    4-9-5　河內塔實作 IV：程式執行和結果驗證 4-104

    4-9-6　小結 4-105

    4-9-7　完整程式碼 4-106

5　實戰篇 面試白板題：媽，我錄取了！　　5-1

5-1 Apple 白板題：Linked List & 後序遍歷 觀念運用 5-2

    5-1-1　前言 5-2

    5-1-2　題目介紹 5-2

    5-1-3　解題思路一：使用「Stack」的可能性 5-3

    5-1-4　解題思路二：使用「遞迴」的可能性 5-4

    5-1-5　解題實作 I：遞迴方法→顛倒數字 5-4

    5-1-6　解題實作 II：顛倒數字→Linked List 5-10

    5-1-7　進階解題技巧：使用字串代表數字 5-15

    5-1-8　小結 5-29

    5-1-9　完整程式碼 5-30

5-2 Microsoft 白板題：Stack & 遞迴 觀念運用 5-32

    5-2-1　前言 5-32

    5-2-2　題目介紹 5-32

    5-2-3　解題思路一：中間切一刀，左右擴展走 5-34

從零搞懂演算法：12種演算法＋6種資料結構，超圖解入門

5-2-4 解題思路二：由左而右，由右而左 5-34

5-2-5 解題方案一：Stack「後進先出」 5-35

5-2-6 Stack 解法：時間複雜度分析 5-40

5-2-7 Stack 解法：空間複雜度分析 5-42

5-2-8 解題方案二：遞迴方法替代 Stack 結構 5-43

5-2-9 小結 5-48

5-2-10 完整程式碼 5-49

5-3 Google 白板題：Tree 階層 & 遞迴 觀念運用 5-49

5-3-1 前言 5-49

5-3-2 題目介紹 5-50

5-3-3 解題思路：樹狀遍歷，4 大方向分支 5-53

5-3-4 解題實作 I：遍歷島嶼地圖 5-54

5-3-5 解題實作 II：島嶼面積計算的遞迴方法 5-55

5-3-6 小結 5-61

5-3-7 完整程式碼 5-62

5-4 海外求職經驗分享：演算法如何幫我拿到大廠公司錄取通知 ...5-63

5-4-1 「美國矽谷」Google 面試流程解密 5-63

5-4-2 拿到面試的 4 大管道：主動出擊，創造機會 5-64

5-4-3 少量刷題→大量 offer：精準練習才是王道 5-64

5-4-4 3 家面試 x 3 份 offer：100% 錄取率 5-65

作者的話 & What's Next?

為什麼要學演算法

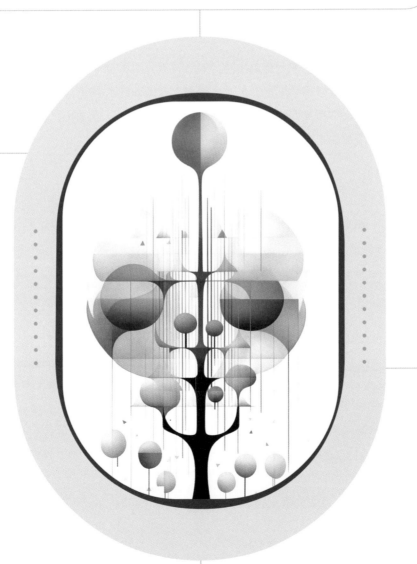

0-1 軟體職涯談：演算法在工作上真的用得到嗎？

「演算法」與「資料結構」是軟體業的兩大技術，不論是剛入職或資深工程師，都會持續精進，但演算法在實際工作上真的用得多嗎？還是大多只用在面試白板題上？

0-1-1 軟體界的必要之惡：面試白板題

面試的目的在於有效率地挑選出適合的軟體人員，儘管不能與實際工作內容完全契合，演算法與資料結構測驗仍是一個相對上客觀的判定標準。在我們強大到能命令業界不再使用白板題面試前，我們必須遵守規則，好好精通演算法與資料結構，拿到那一份屬於你的錄取通知書，開啟你的軟體職涯。

0-1-2　工作中的演算法長這樣

事實上，開發人員在日常工作中，常常會使用到本書籍將介紹到的 Array、List、Stack、Queue 等資料結構。比如說，將所有玩家的積分放在一個 List 中做排序，顯示的 Top 10 玩家排行榜；又或是，將使用者請求放在 Queue 之中，確保先進來的請求優先被完成。熟悉這些資料結構與演算法的特性，將能讓你的工作效率事半功倍。

0-1-3　面試中的演算法長這樣

面試中的演算法與工作上的演算法的要求程度大不同。面試中的演算法將要求你熟悉更進階的演算法，比如說 Quick Sort 找尋前 5 大數值、Big O 分析演算法效率、Priority Queue 進行動態排序等。儘管大部分實際工作上很少用到以上的演算法，他們卻是面試白板題常出現的高頻題。

從零搞懂演算法：12 種演算法＋6 種資料結構，超圖解入門

至於到底學演算法有沒有意義？這個答案是肯定的，學了才能通過面試，通過面試才有工作做。真正的問題是，演算法要學得多深？這取決於不同的工作階段與面試規劃。在這本書中，我們將專注於同時出現在「面試中」與「工作中」，都常見的「演算法」與「資料結構」，幫助大家打好基礎，拿到進入軟體界的入門磚！

0-2 軟體職涯談：避開冤枉路，演算法其實該這樣學

演算法的領域不僅廣且深，初次者最忌諱什麼都學，什麼都鑽，毫無系統的隨處學習，造成整體學習效果不佳。這邊分享根據我多年職涯經驗，總結出的精華學習路線，幫助讀者們更高效的學習演算法與資料結構。

0-2-1 第一步：「演算法」與「資料結構」的定義與關係

明確定位演算法與資料結構，讓你能持續歸類後續所學的主題，一點一滴累積對應的知識庫。

0-2-2 第二步：什麼是「好」的演算法？

演算法有好有壞，不同情境的需求也有各自對應的演算法。掌握一個能統一評斷演算法好壞的能力，是個關鍵起頭。

0-2-3 第三步：Array & List 入門資料結構

世界上最常使用的兩種資料結構就是 Array & List，學習 Index 與 value 的概念，並透過 Array & List 這兩種資料結構，開始分析兩者的新增、刪除、修改等功能的演算法效能不同處。

0-2-4　第四步：DFS & BFS 兩大演算法策略

接著，可以開始接觸抽象的概念學習：DFS（深度優先）& BFS（廣度優先）。他們不是具體的資料結構，而是一種概念與策略。試著去理解什麼樣的情境適合「一路衝到底」的探索方式，又什麼時候適合「平均走」的搜尋方式。

0-2-5　第五步：3 大排序演算法（Bubble、Insertion、Selection）

有了 Array/List 工具，有了 DFS/BFS 概念，再來就很適合來自己動手實作初學友善的 3 大排序演算法：Bubble Sort、Insertion Sort、Selection Sort。

0-2-6　第六步：Stack & Queue 進階資料結構

接著，就會進入一個循環，繼續學習更進階資料結構：Stack & Queue，了解 FIFO（先進先出）、FILO（先進後出）的演算法概念。在這邊，去體會為何不同的資料結構能提供給你不同的演算法策略。

0-2-7　第七步：5 大演算法策略

最後，學習更進階抽象化概念「5 大演算法策略」：涵蓋貪婪法（Greedy）、枚舉法（Enumeration）、回溯法（Backtracking）、分支界限法（Branch and Bound）、分治法（Divide & Conquer），正是打開演算法大門。

完成此七大步驟，就等於打好演算法的學習基礎。儘管未來還有更多進階的內容，但它們都能適當地嵌入本書籍，並為你建立起「演算法知識體系」，現在我們就正式開啟演算法的學習大門吧！

打開演算法的大門

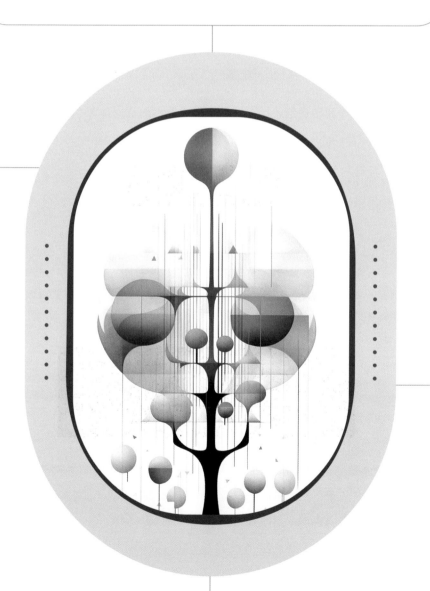

1-1 一次搞懂「資料結構」與「演算法」到底是什麼

1-1-1 前言

這個章節我們要來講解什麼是資料結構、又什麼是演算法，還有原始資料、資料結構、演算法這三者之間有什麼樣的關係。

1-1-2 什麼是「原始資料」

首先，所謂的「原始資料」指的就是一開始拿到的資料來源（如下圖）。比如說在 LeetCode 的題目中，題目會給我們一串數字，這串數字就是我們的原始資料。

原始資料 ＝ 資料

1-1-3 什麼是「資料結構」

那什麼是「資料結構」呢？資料結構其實就是資料，並且去定義資料彼此之間的某種特定關係（如下圖）。

原始資料 ＝ 資料
↓
資料結構 ＝ 資料 ＋ 資料之間的關係

比如說我們常聽到的 queue 有一個「先進先出」的概念：我去定義的一種資料間的關係是，先來的資料要最先被移除掉（如下圖），第一個塞進去的數值如 02 會第一個出來，最後塞進去的數值如 78 會最後一個出來。

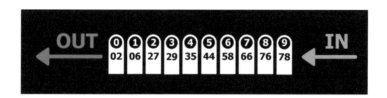

　而如果換成另外一種資料結構叫做stack，它則有另外一種資料間的關係叫做「後進先出」，越晚進來的資料反而要越早被提出來（如下圖），亦即最後一個塞進去的數值，如目前的 78 將會第一個被取出，而原先第一個塞進去的數值，如 02 將會最後一個被取出。

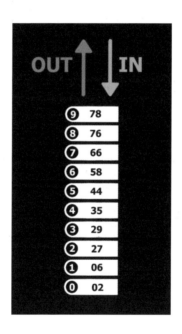

　不管是 queue 的「先進先出」或者是 stack 的「後進先出」都是一種資料結構，也就是將普通的「原始資料」再加上一種特定的「資料之間的關係」，就會形成一種特定的資料結構。而為了維持這種資料之間的關係，就會產生相對應的操作，其中最重要的就是「新增」和「刪除」（如下圖）。在每次新增或刪除的變動中，我們都要維持對於資料之間關係的定義，來維持這個資料結構。

資料結構 = 資料 + 資料之間的關係 (新增/刪除)

1-1-4 原始資料→特定資料結構 I：改變觀點

那現在有一個問題，就是我們要如何從原始資料轉換到一個資料結構呢？主要有兩種方法，第一種方法叫做「改變觀點」（如下圖）。也就是說，當我們想要把原始資料轉換成某一種資料結構的時候，不用去移動任何資料，我們只需要去改變我們看這個資料的觀點。

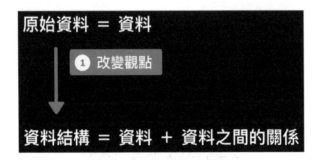

比如說現在有一個 array 裡面有未排序過的數字，如下圖。

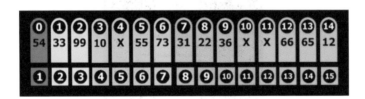

這時如果我們去改變看它的觀點，其實可以把它看成一棵二元樹。也就是將 index 0（下圖 #1）的元素看成根節點（下圖 #2），index 1（下圖 #3）和 index 2（下圖 #5）的元素看成下一層的節點（分別是下圖的 #4 和 #6），而 index 3（下圖 #7）、index 4（下圖 #9）、index 5（下圖 #11）以及 index 6（下圖 #13）則再看成下一層（分別是下圖的 #8、#10、#12、#14），這樣這個 array 就能形成一棵樹的資料結構。

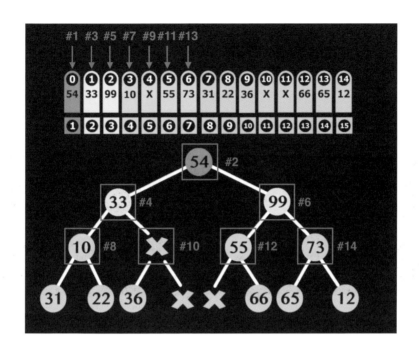

到這裡可以發現我們並沒有對原始資料做任何的更動，就拿到了二元樹的資料結構。這就是第一種將原始資料轉成資料結構的方式：改變觀點。

1-1-5　原始資料→特定資料結構 II：資料排序

接下來再看到第二種將原始資料轉換成資料結構的方式：「實際地去改變資料之間的排序」（如下圖）。

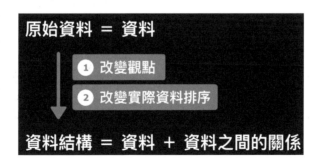

比如說我們現在有一棵二元樹（下圖 #1），然後現在想要得到一個更嚴謹的資料結構叫做「二元堆積樹」，也就是所謂的 Heap，就必須去動到原始資料之間的排列。比如，將下圖二元樹（下圖 #1）經由重新排序之後就可以拿到一棵二元堆積樹 heap（下圖 #2）。而這就是第二種將原始資料轉換成一種資料結構的方式，也就是實際地去改變底層資料的排序。

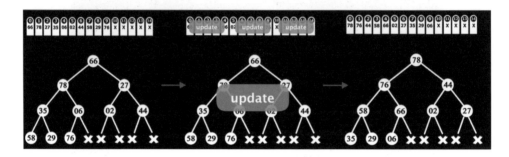

1-1-6　什麼是「演算法」

接下來我們來談談什麼是演算法，演算法簡單來講就是「使用資料的策略」（如下圖）。

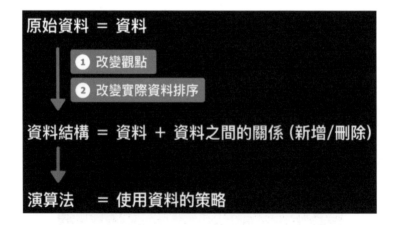

請特別注意這邊用的詞是「資料」而不是「資料結構」，因為演算法實際上針對的就是資料本身而已。所以我們也可以直接對原始資料去套用不同的演算法（如下圖）。

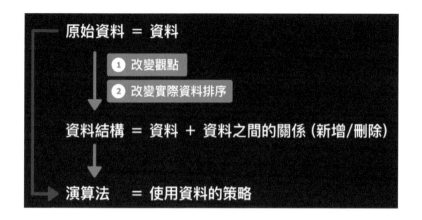

通常因為原始資料都是雜亂無章的,因此能用的演算法大多是枚舉法這樣的暴力解。所以對於原始資料,我們可以用的演算法非常得少,而這就是為什麼我們要花那麼多工,把一個原始資料整理成一個資料結構的原因。因為「資料結構」可以幫我們創造出更多不同使用資料的策略(如下圖)。有了一種特定的資料結構,我們就可以對這種特定的資料結構做出很多很多不同種的演算法,也就是做出很多種不同「使用資料的策略」。而常見的策略有遍歷、搜尋、DP(如下圖)。

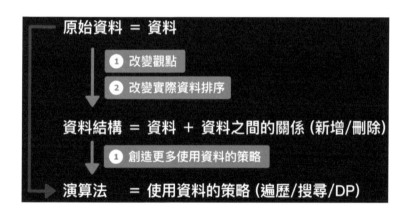

「遍歷」是二元樹的資料結構可使用的其中一種演算法,有不同的變化,比如前序、中序、後序。還有像是「二元搜尋法」,能夠讓搜尋效率大幅提升。此外,有了特定的資料結構也能夠實現最重要也是最難的「動態規劃(Dynamic Programming)」的演算法。而我們之所以擁有這麼多不同的使用資料的策略,就是因為我們擁有很多豐富且好用的資料結構。

1-1-7 演算法、資料結構與資料的三角關係

最後總結一下，我們之所以費了那麼多工把「原始資料」轉成「資料結構」，就是為了讓我們有更多可以使用資料的「演算法」策略（下圖 #3）。而把「原始資料」轉成「資料結構」的方法有兩種，一種就是純粹地改變你看一個資料的觀點（下圖 #1），另外一種就是實際動手把底層的資料排序做更新（下圖 #2），當然也可以略過資料轉資料結構的過程，直接針對原始資料套用「演算法」（下圖 #4），但這種方式可以使用的策略則相對少很多。以上針對原始資料、資料結構以及演算法之間的關係可以使用下面這張圖來做個總結。

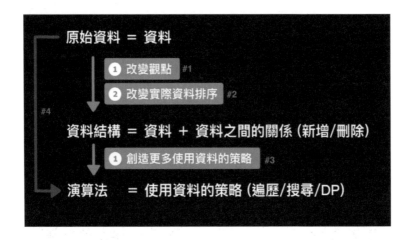

1-1-8 實際案例 I：二元樹

接著我們用一些實際的案例，來演示從「原始資料」轉成「資料結構」後，再使用「演算法」得出成果的過程。

首先，假設現在有一串數字作為原始資料：5、2、6、1、4、7、3（下圖 #1）。如果現在把這串原始資料，轉換成一棵二元樹的資料結構（下圖 #2），就能利用這棵二元樹資料結構提供一種演算法，叫做「前序遍歷」（下圖 #3）。而這個前序遍歷的觀念，其實就是很有名的 Quick Sort（下圖 #5）排序法的主要概念。

再來，同樣是一棵二元樹資料結構（下圖 #2），如果使用另外一種演算法，比如說「後序遍歷」（下圖 #4），我們就能實作出另一個很有名的排序法 Merge Sort（下圖 #6）。

1-1-9 實際案例 II：二元搜尋樹

如果這次選擇將原始資料（下圖 #1），轉成另外一種資料結構，叫做二元搜尋樹（下圖 #2），二元搜尋樹提供的演算法其中之一為「中序遍歷」（下圖 #3）。使用二搜尋樹的中序遍歷演算法，可以讓我們實作出 Tree Sort 這個排序法（下圖 #5）。

既然我們有了二元搜尋樹（下圖 #2），當使用二元搜尋樹的「搜尋」操作時（下圖 #4），就能夠使用大家常常聽到的二元搜尋法（Binary Search）（下圖 #5），這是比一般的搜尋法效率高上許多的搜尋法。

1-1-10　實際案例 III：二元堆積樹

　　接下來，這次把這個原始資料（下圖 #1）整理成一個叫做「二元堆積樹」的資料結構（下圖 #2），並利用二元堆積樹「刪除」的功能，依據陣列的長度進行 N 次的刪除（下圖 #3）。因為目前的陣列為 5、2、6、1、4、7、3，這 7 個數字（下圖 #1），所以我們就對這棵二元堆積樹進行 7 次刪除。這種使用資料的策略，就能實作出 Heap Sort 這個排序法（下圖 #4）。

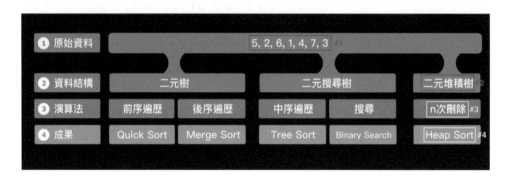

1-1-11　小結

　　最後，我們回顧剛剛示範的那張圖，會發現這張圖非常地有趣，同樣一筆原始資料，可以被我們整理出各種不同的資料結構，甚至在相同的資料結構之中還能夠提供各種不同使用資料的策略。而使用不同資料的策略可以讓我們最後實作出各種不同且好用的排序法，甚至是好用的搜尋方式。

　　這張圖有一個重點地方，在於它幫我們明確定位了什麼是演算法、又什麼是資料結構，以及幫我們回答了一個最重要的問題：我們為什麼要把一個「原始資料」整理成各種不同的「資料結構」？答案很簡單，因為不同的資料結構提供給我們更多種「使用資料的策略」，也就是所謂的「演算法」。至此，當我們對演算法、資料結構、原始資料有了定位之後，將來我們在學習演算法的時候，會更加知道自己現在在哪裡以及還要學什麼，這是非常重要的一件事情。

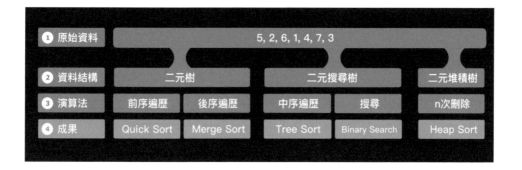

當然，資料結構還有很多種，像是 Stack、Queue、紅黑樹等等，未來有一堆資料結構可以學習，而學完這些資料結構之後，往下延伸還有一堆演算法可以使用。而利用不同的演算法，就可以讓我們解決各種實務上，甚至是面試解題上的各種問題。

最後把這節出現的兩個圖整理在一起來看。這兩張圖可以說是本書圖解演算法系列的根基，之後的章節都是依照這兩張圖，有根有據地延伸出各種資料結構以及演算法的介紹。

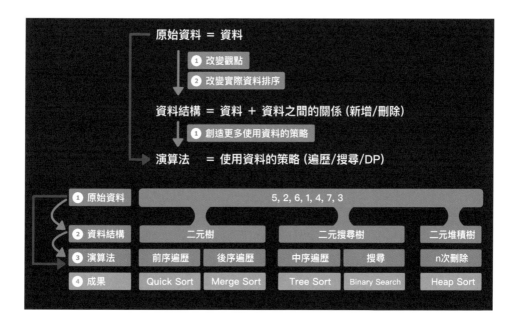

1-2 演算法的品質：什麼才是「好」的演算法

1-2-1 前言

在這節中，我們會介紹 Big O，它是一個計算時間以及空間複雜度的計算方式，並透過 Big O 的表示方式，來讓大家理解怎麼區分演算法的「好」和「壞」。

1-2-2 Big O 的介紹與計算

首先我們來看看 Big O 的目的。它的目的就是要提供一個簡化版的演算法分析方法，衡量做一個演算法的「成本」與「要處理的資料總數 n 之間的關係」（如下圖）。

① 目的　　提供「簡化版」的演算法分析方法

有的時候我們成本就等於 n，有的時候等於 n 的數倍，有的時候甚至我們的成本會等於 n 的次方倍。而 Big O 就是去找出這個關係的比例大小，來作為演算法的效能分析方式（如下圖）。

② 意義　　做一件事的「成本」與「總數 n」的關係

Big O 的計算方式並不是我們常識上所認為的時間計算，它實際計算的是「步驟」，也就是完成一個演算法所需要經過的那些加加減減、乘乘除除的處理步驟（如下圖）。

③ 計算標的　　時間計算 ➡ 步驟計算

從零搞懂演算法：12 種演算法＋6 種資料結構，超圖解入門

而我們在計算步驟的時候有一個特色，也是這個方法為簡化版的原因之一：「所有的高次方會蓋掉所有的低次方」（如下圖）。

什麼意思呢？假設有一個演算法的總共步數為 n 的三次方加上 n^2（下圖 #1），在 Big O 的視角之下，低次方會直接被忽略掉。所以我們最後 Big O 的計算結果會是 n 的三次方（下圖 #2）。

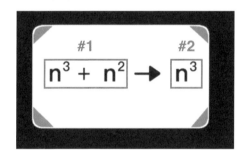

除此之外，Big O 的計算還有一項特色，也就是計算 Big O 時會忽略所有的常數項。比如說，有一個演算法的總共步數為 9 乘以 n 的三次方（下圖 #1），在 Big O 的視角之下，前面的 9 這個常數（下圖 #1 中的數字 9）會直接被忽略掉。我們就直接說，它是一個 Big O 的 n 的三次方（下圖 #2）的演算法效能。

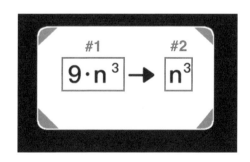

以上就是 Big O 的目的、計算意義以及計算特色的介紹,那我們將上述內容重點整理成一張圖如下所示。

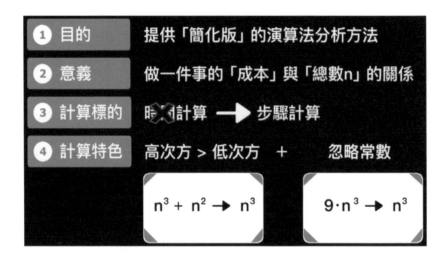

在了解 Big O 的目的、意義、計算標的和計算特色之後,接下來要看的是 Big O 的各種演算法效能結果分類。我們將從最快到最慢的順序來介紹。

1-2-3　Big O 成本類別:n^0

首先看到的是「n^0」這個演算法效能。n 就是總數,n^0 等於 1,因此在這個演算法效能分類中,它所代表的意義是一步到位的意思。在此關係中,演算法效能和總數 n 是沒有關係的,因為它的結果永遠是 1。一個實際上的案例就是「索引搜尋」(Index 搜尋),也就是在一個陣列中使用索引值來找到目標值的行為,這個行為可以直接一步到位找到要找的值。在進階的哈希(Hash)主題上,我們也會運用索引幫忙快速找到所要的東西。n^0 也就是 1 的演算法效能是最快的。下圖用一個點(下圖 #1)來代表這個一步到位的抽象概念。

1-2-4　Big O 成本類別：log(n)

那接在 n⁰ 之後的演算法是「log(n)」（下圖 #1）。它所代表的意義是一個「階層數」的概念。什麼意思呢？二元搜尋法就會用到這個觀念。二元搜尋法就是利用一個樹狀結構的東西所實作出來的。而這個搜尋法在搜尋的時候，所需要執行的步驟就跟它的「階層數」有關。比如說此處有 n = 11 個節點（下圖 #2 中，頂點的節點，加上每個 ^ 符號分支的兩個節點的總和），但將此 n = 11 個節點轉換成階層數則只有 log(n) = log(11) = 3.45，換句話說，包含頂點只出現了 4 個階層數（下圖 #3）。如果演算法效能可以達到 log(n)，就代表這個演算法的效能是不錯的。

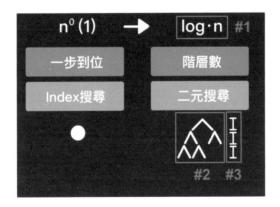

1-2-5　Big O 成本類別：n

接下來，在 log(n) 之後我們會看到「n」這個演算法效能（下圖 #1）。它所代表的意義是一個線性的概念。一個實際的例子就是陣列遍歷，就是將整個陣列的元素

從頭到尾全部印出來，那麼做這件事的演算法效能，也就是做這件事情的成本，會和總數 n 呈現 1 比 1 的關係。也就是 n 變大的比例會和演算法的成本變大比例一樣，算是一個不好不壞的演算法效能，這邊以方格子代表一個陣列元素，比如說這邊為一個 n=5 的陣列（下圖 #2）。

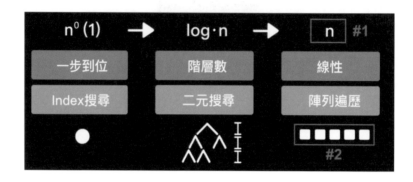

1-2-6　Big O 成本類別：n log(n)

接著再看到「n log(n)」這個演算法效能（下圖 #3）。它就是前面兩個演算法（下圖 #1 和 #2）加起來的概念，也就是「線性」+「階層」的概念。其中一個例子就是在進階樹系列會講到的 Merge Sort 排序法。在 Merge Sort 之中，我們會把所有的元素都跑過一次（下圖 #4），把他們一個一個擺放到該有的位置。在執行演算法的過程中，會把資料結構整理成一個樹的形狀（下圖 #5）。而整個過程中就會走過這棵樹的階層數（下圖 #6）的步驟。因此將「陣列遍歷」以及「樹的階層數」相乘，就是 Merge Sort 最後的時間成本。

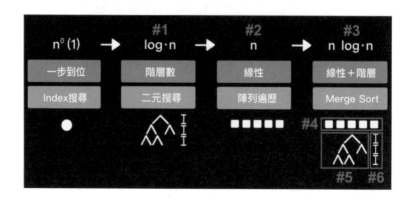

1-2-7　Big O 成本類別：n²

　　下一個看到的演算法效能是「n²」（下圖 #1）。它所代表的意義是「線性」+「線性」。用一個更圖形化的概念來說，它就是一個超級分支的概念。假如有 n 筆資料要處理，每份資料會再分出 n 個分支。特別注意到，n 是我們的總數（下圖 #1 中的 n），而此演算法成本會隨著總數增加而增加。而上面的次方數，比如說 2 次方（下圖 #1），它代表的是一個「分支階層數」的概念。如果我們上面是 2，那麼我就會分出兩層；如果我們上面是 3，那就分出三層，以此類推。普遍來講，此演算法效能是較差的。

　　一個實際案例就是 Bubble Sort 排序法。在此排序法中，我們會進行兩個 for 迴圈，也就是把我們的陣列進行兩次遍歷（下圖 #1）來實作出這個演算法。而這種兩個 for 迴圈、兩次陣列遍歷的步驟計算，若是用圖形化的方式表示，它就會展出這個方式：從開頭根據總數的數量進行分支，比如說資量總數是 4 的話，會先分出 4 個分支（下圖 #2），在每一個分支之中，再分出和總數一樣的大小的分支（下圖 #3）。這個就是所謂的超級分支的概念，為 n² 這個演算法效能結果。

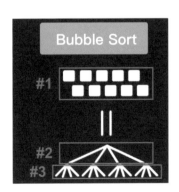

1-2-8　Big O 成本類別：2^n

　　接著要看到的是比 n^2 成本還要大的演算法效能，也就是「2^n」（下圖 #2）。它是一種定數的細胞分裂的概念。在此先把 n^2（下圖 #1）和 2^n（下圖 #2）做個比較。在左邊的 n^2（下圖 #1）有兩個特性，第一點是它的底數會隨著 n 的數字漸漸增大，第二點是它的階層數是很小的，只有兩個階層。但右邊 2^n（下圖 #2）這個演算法效能的底數是固定的，就固定在數字 2，但是它的階層數會隨著總數增加而不斷增加，導致分支階層數會越來越大。而也因為階層數越來越大的關係，時間成本在 n 比較大的時候，會比 n^2 大上許多。比較的重點整理可以看下圖 #3 的部分。

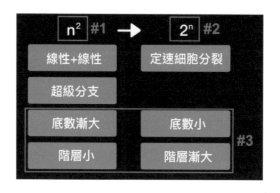

　　一個實際案例是費氏數列。將費氏數列整個展開，會看到以下這個結果：可以看到每一次都是長出底數 2 的兩個分支點，但是根據總數 n 的狀況，階層數會不斷增加下去，每個階層的每個分支都會再多長兩個分支。這種速度和我們常見的酵母菌繁殖的速度非常像，一不小心就會長出天文數字量級的分支數量（下圖 #1）。因此這個演算法的成本是非常驚人的。所以也可以說，階層數的增加是非常有影響力的，大過前一個 n^2 這種底數較大的狀況。2^n 的演算法效能是極低的，必須盡可能避免。

1-2-9　Big O 成本類別：n!

　　接著來看「n!」的演算法效能。假設 n = 5，n 加上驚嘆號（n!）它所代表的計算會是「5 * 4 * 3 * 2 * 1 = 120」的計算結果。所以它會根據總數 n 的狀況這樣一路乘下去。它所代表的意義是一個高速細胞分裂的概念。當我們把它和 2^n（下圖 #1）進行比較時，會發現 n!（下圖 #2）的階層數狀況和左邊一樣，都會根據我們 n 的狀況，開展出一個同樣的階層數。它們不一樣的地方是在底數，2^n 是定速細胞分裂（下圖 #1），底數是固定的，也就是數字 2，計算方式是「2 乘 2 乘 2…乘 2」，乘以 n 次。但是 n! 是高速細胞分裂的演算法，它的底數是會從大到小一路分支下去的，因為它的運算方式是「n 乘 (n - 1) 乘 (n - 2) …乘 1」，這樣一路乘下去，產生出更大的數字，兩者比較的重點整理在下圖 #3 的部分。

　　用一個實際的例子說明，假設我們現在的總數 n 是 6。第一層的分支樹就是 n 的數量，因此會產生 6 個分支（下圖 #2）。再來第二層有 5 個分支（下圖 #3）。以此類推，一層一層排下去，最後一層就會產生兩個分支（下圖 #4）。從下圖就可

以看得出來，它和 2 的 n 次方在每個階層中的分支數有天壤之別的不同。兩邊階層數一樣，但是每個階層中的底數分支數卻是不一樣的。2 的 n 平方每一層每個分支都長出兩個分支（下圖 #1），而 n 階層的分支數會隨著 n 的數字上升而增加。所以這邊稱此概念為高速細胞分裂，也讓此演算法成本又再度提高，演算法效能再度降低。

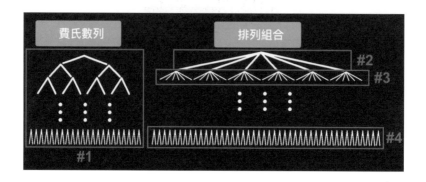

1-2-10　小結

我們在這節介紹了如何使用 Big O 的表示方式，來分析演算法的效能。同時也介紹不同的演算法成本類別，利用圖解的方式，清楚呈現 Big O 從不同的演算法效能結果，透過這種更有概念性的討論與說明，以及實際的案例，才能真正讓我們對 Big O 的分析有點感覺，而不是流於學術上的數字公式的討論而已。

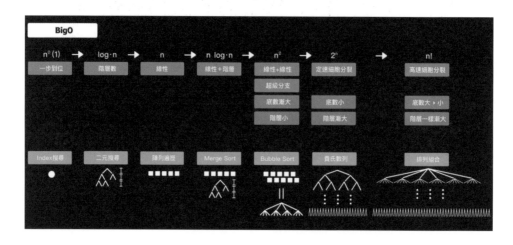

1-3 演算法的基底結構：陣列（Array） vs 鏈結串列（Linked List）

1-3-1 前言

本節會講解演算法的基底資料結構：Array 以及 List，會說明它們長什麼樣子，有什麼特性，以及資料結構相關的操作。

1-3-2 陣列（Array）介紹

陣列（Array）就是指一排元素，每個元素有 index 表示位置，value 表示值。如下圖表示的是一個擁有 5 個元素的陣列，其中 index 3 的元素所擁有的 value 值為 98。

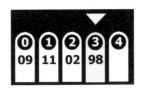

1-3-3 陣列搜尋 I：By Value

首先來看「陣列搜尋」的操作，第一個是 by Value 的搜尋方式。by Value 的搜尋是什麼意思呢？假設這次要從陣列之中找出 98 這個值（下圖 #2 所指的元素），則必須從 index 0 的位置（下圖 #1 所指的元素）開始找，一個一個元素往後找，直到找到 98 這個值（下圖 #1 所指的元素）。而這樣的搜尋步驟，在最糟的狀況下必須遍歷整個陣列，因此這個操作的時間複雜度為 O(n)。

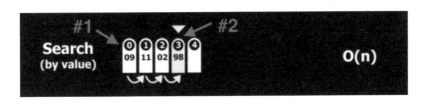

1-3-4 陣列搜尋 II：By Index

而使用 Array 這個資料結構最大的功用，就是它提供 by Index 的搜尋模式。如果改用 by Index 的方式來做搜尋，速度會快非常多。譬如說，假如我們知道要找的值是在 index 3 的位置（下圖 #1 所指的元素），我們就能夠直接到這個位置去取裡面的值，完全不用遍歷陣列。這樣一步到位的搜尋結果讓時間複雜度快到只有 O(1)。不過，要使用 by Index 的搜尋方式有個前提，就是要有某種方式可以得知目標值的 index。而知道如何判斷 index 的方式，就與進階的「樹系列」以及「Hash 系列」的主題非常有關。不同的資料結構，將會給我們不同找尋目標值 index 的方式。只要能拿到 index，搜尋陣列的速度就會非常快。

1-3-5 陣列新增 I：By Value

接著來看到「新增（insert）」的部分。首先介紹 by Value 的新增方式。假設現在要新增一個值到一個陣列裡面，想當然是在陣列的尾巴將新元素加上去。例如現在要在一個陣列後面，加上一個 35 的元素（下圖 #2 所指的元素），只要有記錄目前陣列的最後一個元素（下圖 #1 所指的元素）的位置，就能夠直接往後加上新元素。所以這樣的操作的時間複雜度是 O(1)，是一個非常快速的操作。

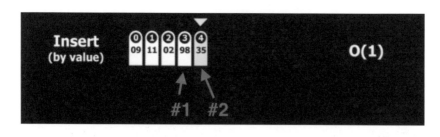

1-3-6 陣列新增 II：By Index

大部分陣列在新增元素的速度很快，但下一個例子就會發現並不是每次新增元素都能夠這麼有效率。接下來，我們看到第二種新增元素的情況，現在想要利用 Array 所提供的 index 來新增元素。例如目前有一個陣列如下圖，我們想要把新的值插入到 index 1 的位置（如下圖黃標記）。

那當然不能直接插入進去，因為目前這個位置已經有值，所以要怎麼做呢？首先要把 index 1 位置之後的所有元素往後面移一個，移完之後如下圖。

再把新的值數字 77 插入 index 1 的位置（如下圖黃標記）。我們可以看到，這樣的操作方式，的確可以讓我們很彈性地將新的值插入到任何一個 index 位置。但同時，全部往後移的這個動作也讓我們花上了更多時間成本，造成它最後的時間複雜度變成了 O(n)。

1-3-7 陣列新增 III：共同問題

而不論是用 by Value 在陣列最後面新增元素，或者是 by Index 在陣列任意位置新增元素，它們都會遇到一個共同的問題，也就是當底層陣列空間不夠的時候，還想要新增一個新的元素進去時，必須先把底層的空間給擴大。比如說現在有一個長

度為 5 的元素（下圖 #1），我們想要加入新元素之前，要先創造出一個新的更大的底層陣列空間（下圖 #2），然後把現有的所有的值給複製過去（下圖黃色箭頭的部分），完成複製動作之後，才能夠新增新的元素。但也因為複製所有值的這個動作，讓我們的時間成本增加到了 O(n)。

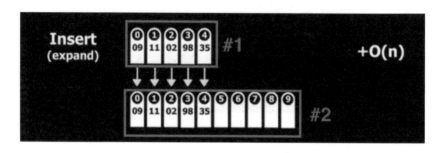

所以這邊一個小結論，不論是用 by Value 的新增方式，或者是 by Index 的新增方式，都會遇到一個空間不夠的狀況。此狀況讓新增必須做額外的複製動作，讓新增的時間複雜度上升到了 O(n) 的時間成本。所以陣列的新增是不太有效率的一個操作。

1-3-8　陣列刪除 I：By Value

那看完新增之後，接下來看到「刪除（Delete）」的部分。首先一樣先看 by Value 的方式。如果我想要刪除陣列中的某一個值，比如說在下圖陣列中其中一個元素，第一步就是要先找到它的所在位置。所以第一個時間成本就花在搜尋的動作。假設我現在想要刪掉下圖陣列中 02 這個值（下圖 #1 所指的元素），就需要從開頭一路往後找，直到找到 02 這個值的位置之後（下圖黃標記），再進行刪除的動作。

將 02 這個元素刪掉之後，會發現現在陣列原本 02 這個值的位置空掉了（下圖
黃標記）。

所以必須把後面的元素都往前補（下圖 #1 黃色箭頭）。於是可以發現 by Value
的刪除步驟，包含了「搜尋的步驟」、「刪除」，以及「往前補的步驟」，因此整
體的時間複雜度是 O(n)，效率上也不是很好。

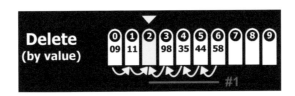

1-3-9　陣列刪除 II：By Index

再來看到 by Index 的刪除方式。如果有辦法透過某種方式先拿到了要刪除的值
的 Index 位置，比如說要刪除下圖陣列 02 的值（下圖黃標記）。

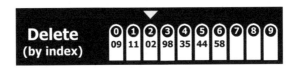

那麼就可以省去搜尋的步驟，直接把這個值給刪掉（下圖黃標記）。

但是刪掉之後，則和 delete by Value 一樣，必須把後面的值全部往前補一個（如下圖）。

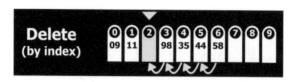

所以可以看到，by Index 的刪除確實比 by Value 的刪除還要快一點點。但是由於兩者都有把後面的值全部往前移動的步驟，所以最糟的狀況還是會遇到時間複雜度 O(n) 的狀況。因此總結來講，刪除的部分不論用 by Value 或 by Index，最後的成本都還是 O(n)。

1-3-10 陣列（Array）小結

以上是針對 Array 三種操作的時間複雜度比較。Array 最重要的就是它提供給我們 by Index 的這個搜尋（Search）模式，讓我們省去了搜尋操作的時間。Array 的操作與對應時間複雜度可以整理成下圖。

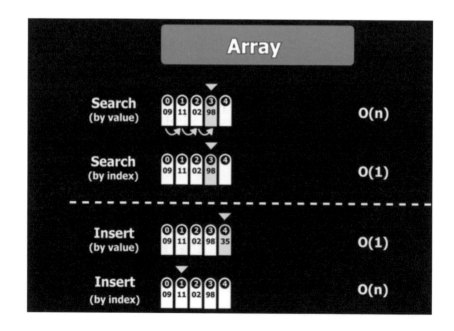

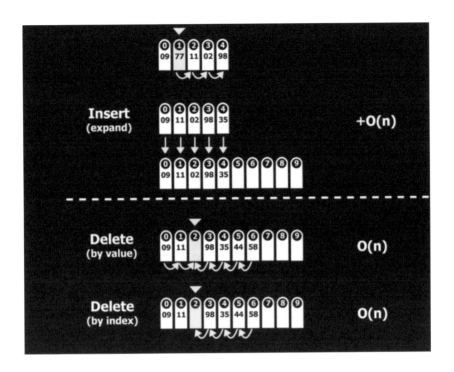

1-3-11　鏈結串列（Linked List）介紹

接著我們來看到另外一種記憶體資料結構：Linked List。在 Linked List 之中，沒有 Index 這種模式。換句話說，它並不是使用 Index 的增減，來連結同一個陣列的元素。取而代之的是一個叫做「指標」的方式，來連結不同的元素。

我們用下圖來解釋 Linked List 的結構，可以看到開頭元素是擁有 9 這個值的元素（下圖 #1 所指的元素）。第一個元素和下一個元素（下圖 #3 所指的元素）之間使用一個指標（下圖 #2）連結著。這個指標指向第二個元素（下圖 #3 所指的元素），也就是值為 11 的節點。以此類推，可以看到相鄰的元素之間都透過一個指標連接著。而最後一個元素的指標會指到一個 NULL（下圖 #4）作為一個結尾的象徵。

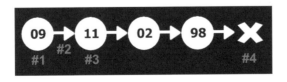

1-3-12　鏈結串列搜尋 I：By Value

那在 Linked List 資料結構中要進行搜尋的話，時間成本又是多少呢？由於 Linked List 永遠都只有 By Value 的操作方式，所以假設現在要在一個 Linked List 找到值是 98 的元素（下圖黃標記）時，都必須從頭開始尋找，一個一個往後找，直到找到要找的值或是找到最結尾還是沒有找到。而這樣的搜尋方式，最糟的狀況，也就是從頭跑到尾，讓整體的時間複雜度上升到了 O(n)，所以也是一個不太有效率的方式。

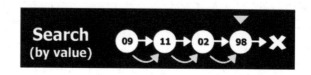

由於 Linked List 並沒有 Index 的操作模式，所以就不需要再討論 By Index 的方式。

1-3-13　鏈結串列新增 I：By Value

接下來看到「新增（Insert）」的部分。假如想要在 Linked List 最後面新增上一個值，只要有記錄最後一個節點的位置，就只需要往後加一個節點就可以直接新增到 Linked List 上了。比如說，我們要在 98 這個節點（下圖 #1 所指向的元素）後面加上一個 35 的節點（下圖 #3 所指的元素），我們先把 98（下圖 #1 所指向的元素）和 NULL 之間的指標（下圖 #2）改指向 35 這個節點（下圖 #3 所指的元素）。結果如下圖。

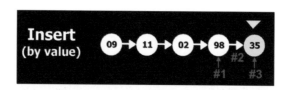

然後把 35 節點後面的指標（下圖 #1）指向 NULL（下圖 #2 所指的元素）作為一個結尾，就完成我們新增的操作了。

透過這個操作方式，就能夠一步到位完成新增的操作，並不需要從頭跑到尾才來新增。我們只要從最尾巴的地方往後加一個元素就結束了。所以這個新增的動作非常得快，時間複雜度為 O(1)。而且，當我們使用 Linked List 的時候，完全不用去考慮到像是 Array 會發生空間不夠的狀況。因為 Linked List 所使用的指標是非常有彈性的。只要你有需要，就再往後不斷加元素就可以了，沒有總長度限制，操作起來方便，速度也快。因此 Linked List 在「新增」的表現是非常好的。

1-3-14　鏈結串列刪除 I：By Value

接下來看到「刪除（Delete）」的部分。假設想在下圖的 Linked List 之中，刪除 2 這個值的節點。首先要做就是找出要刪除節點的位置。所以第一個要進行的操作就是「搜尋」，搜尋的方式是從 Linked List 的開頭開始，往後一個節點一個節點找，直到找到要刪除的 2 這個值的節點（下圖黃色指標位置）。

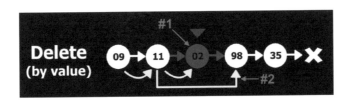

找到之後，就能來進行「刪除」的動作。刪除動作的第一步，是把要刪除節點的「上一個節點的指標」，也就是值為 11 的節點的指標（下圖 #2 所指的黃色箭頭）改指向「下下一個節點」，也就是值為 98 的節點。之後再把要刪除的節點刪掉，在此以暗掉的方式來表示被刪除的節點（下圖 #1 所指的元素）。

從這個例子可以看到，這樣的時間成本，最主要還是花在初步的搜尋上面，最糟的狀況當然是從頭找到尾。而找到位置之後的刪除動作其實相對單純，就兩個步驟：「上個節點」連結「下下個節點」，然後刪掉目標節點。所以主要的時間成本在初步的搜尋上，但這就讓時間複雜度上升到了 O(n)，所以仍是沒什麼效率的操作。

1-3-15　鏈結串列（Linked List）小結

以上是針對 Linked List 三種操作的時間複雜度比較。Linked List 最重要的就是它提供了非常有效率新增操作。Linked List 的操作與對應時間複雜度可以整理成下圖。

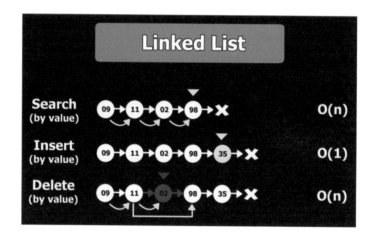

1-3-16　陣列（Array）使用時機

至此即完成了演算法基底結構 Array 與 Linked List 的兩個細部比較。可以看到，不同的資料結構，有各自適用的情況。最後幫大家做一個清楚的總結，讓大家在此節結束時，掌握幾個能帶著走的概念。

首先是要如何知道何時要使用 Array 呢？如果可透過某種方式，拿到需要的值的 Index，並且發現在整體的運用情況之中，「搜尋」佔了大部分的操作，則此時就可以利用 Array 這個資料結構來提升搜尋效能，因為直接用 By Index 的搜尋可達到 O(1) 的時間效率。而當決定要用此方案時，須注意到一個必須去承擔的成本，亦即在做「新增」操作的時候，如果遇到空間不夠的情況，就得將 Array 的所有元素，全部複製到一個新的且有更多空間的 Array，然後再做新增，這樣的操作讓整體的時間成本上升到了 O(n)。

1-3-17　鏈結串列（Linked List）使用時機

而什麼時候使用 Linked List 呢？就是發現所要的資料變動非常地頻繁，並且有不少的「新增」動作時，就可以利用 Linked List。Linked List 可以讓新增的操作變得非常有效率，因為永遠只需要往 Linked List 的最後面加一個節點，時間複雜度永遠是 O(1)，還不用去擔心像是 Array 新增操作會出現底層空間不夠的狀況，指標的特性讓你可以很自由地擴大 Linked List。

1-3-18　小結

最後我們來看看，這兩個資料結構有什麼共通點呢？不論是 Array 或者是 Linked List，其「刪除」的操作效率都不太好。以 By Value 的操作來說，兩邊都會先出現「搜尋」的操作，而搜尋在最壞的狀況都會到達 O(n) 的狀況，就算用陣列（Array）By Index 的刪除，刪除後為了把被刪除元素後面的元素全部往前補，也會發生 O(n) 的時間成本的操作。所以總體來說，這兩個資料結構在刪除的操作上並沒有優劣。

結論來說，有 Index 的情況下，要做「搜尋」就用陣列（Array）。而不想管底層空間、「新增」操作又多的情況下，就用鏈結串列（Linked List）。

以上是針對 Array 與 Linked List 的詳細比較，最後下圖是 Array 以及 Linked List 新增、刪除、搜尋操作的總覽圖。

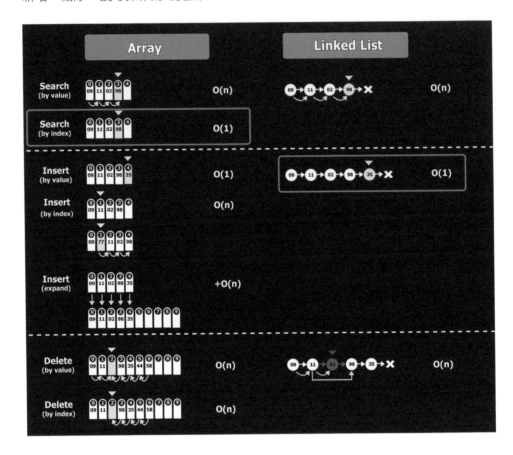

演算法的實作風格 I：迴圈（loop）
x 吃角子老虎

1-4-1　前言

在程式碼的實作中，大方向上可分出兩大類實作風格：迴圈（for loop, while loop）以及遞迴（Recursion）。基本上，任何一種實作都能在兩者之間互換，但對於不同的演算法與資料結構，通常會有其中一者實作起來更順手。本節將提供迴圈的實作程式碼。

1-4-2　迴圈實作 I：for loop

for loop 迴圈，適合用在「已知確切迴圈數量」，在此以將陣列繞一圈作為示範（如下圖）。可以看到，我們在一開始就知道 nums 的總長度為 5，再來透過 for 語法跑過每一個陣列中的元素，並且印出結果。

```python
nums = [1,2,3,4,5]
# nums.length 為已知確切迴圈數
for i in range(len(nums)):
    print(nums[i])
```

印出結果則為：

```
12345
```

1-4-3　迴圈實作 II：while loop

　　while loop 迴圈，適合用在「無法得知確切迴圈數」，在此以一個吃角子老虎機作為示範（如下圖）。可以看到，我們無法在一開始就知道這個迴圈要跑幾趟，直到我們很幸運地拿到 winning_number 才會結束。

```
winning_number = 777
# 無法得知確切迴圈數
while(True):
    random_number = random.randint(0, 1000)
    if random_number == winning_number:
        # Congratulation!
        break
```

1-4-4　小結

　　在這節中，我們快速地看到迴圈的兩種使用方式：for loop 以及 while loop，是我們實作演算法時非常常用到的方式之一。

1-5　演算法的實作風格 II：遞迴（recursion）x 老和尚說故事

1-5-1　前言

　　本節要來介紹演算法實作風格中的第二大類：遞迴（Recursion）。相對於迴圈（loop）而言，遞迴的觀念較為抽象，也是一開始進入軟體業新手的第一挑戰。不過，迴圈（loop）與遞迴（Recursion）的實作可以互換，通常只是根據情境不同選擇更好實作的風格。

1-5-2　遞迴觀念：老和尚說故事

不知道大家有沒有聽過這個故事：

「<u>從前有座山</u>，山上有座廟，廟裡住著老和尚與小和尚，有一天老和尚跟小和尚講故事說：<u>從前有座山</u>，山上有座廟，廟裡住著……」

遞迴的概念與此非常相似，會一直呼叫自己，直到遇到終止條件！

1-5-3　遞迴實作：費氏數列（Fibonacci）

首先來看一個有趣的小知識：我們的眼睛其實很習慣看「1:1.618」這個俗稱「黃金比例」的形體，像是夏天常見的颱風、宇宙銀河系的分佈都是。

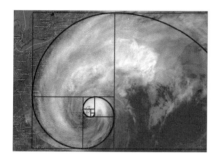

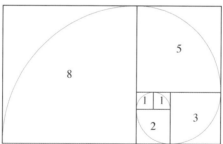

那這個<u>黃金比例</u>與<u>費氏數列</u>的關係在哪？

費氏數列長這個樣子：

0, 1, 1, 2, 3, 5, 8, 13, 21, 34, 55, 89, 144, 233

觀察一下可以看出，除了第一個和第二個數字之外，後面的數字都是前兩個數字的相加

ex. 1 = 0 + 1

ex. 2 = 1 + 1

ex. 8 = 3 + 5

而如果我們將一個數字 ÷ 前一個數字，則會得到越來越接近 1.618 的黃金比例：

ex. 8 ÷ 5 = 1.6

ex. 55 ÷ 34 = 1.617...

ex. 233 ÷ 144 = 1.618...

此時我們知道電腦科學學生必學的費氏數列，並不是冷冰冰的數學公式，而是一個自然甚至是生活中常見的現象。

現在我們要把費氏數列透過程式碼的形式展現出來，同時也來看看「遞迴（recursion）」的實作方式（如下圖）。首先，如果是第一個數字，則回傳 0；若是第二個數字，則回傳 1。有了前兩個數字後，後續的數字就可以一直看前兩個數字組合起來，也就利用到「遞迴」的方式，將 n-2 後呼叫「方法本身」：fibonacci(n-2)；再將 n-1 後呼叫「方法本身」：fibonacci(n-1)，兩者相加回傳，就能拿到結果。不斷地循環下去，也就能拿到更大的數值。

```
def fibonacci(n):
    if n == 0: return 0   # first number
    if n == 1: return 1   # second number

    # next round
    return fibonacci(n - 2) + fibonacci(n - 1)
```

1-5-4 小結

如果這是你第一次學遞迴，建議可以拿張紙把整個分支展開畫出來，仔細觀察一下遞迴的路線是怎麼「長」出來的，像是若執行 fibonacci(10)，最後結果是多少？又透過遞迴的方式，會展開怎樣的分支圖？這將會是個非常棒的練習。

1-6 演算法的基底策略：衝到底（DFS）vs 平均走（BFS）

1-6-1 前言

本節要介紹什麼是 DFS 以及 BFS。DFS 的全名是 Depth First Search，中文的意思就是深度優先，它所代表的意思就是把一件事情給「走到底」。而 BFS 的全名是 Breadth First Search，中文的意思是寬度優先，它的意思就是「平均走」。接下來我們就來看一下，什麼樣的情況之下適合使用 DFS，以及什麼情況之下適合使用 BFS。

1-6-2 登山客問題：DFS 走到底運用

假設今天有個登山客（下圖 #2）在山上迷路了，需要搜救團隊（下圖 #1）找到他。而搜救團隊必須在多條登山道路中找到一條路能夠通往登山客的位置，然而搜救團隊事先不知道哪一條路能夠通往登山客，再加上搜救團隊有一個限制是，每次只能走一步（下圖 #3 所指的圓圈之間的距離就是一步的距離）。示意圖如下。

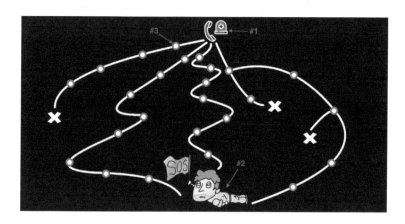

所以為了搶救這個受難的登山客，他們必須決定一個搜救策略。因為登山客的食物和水是有限的，如果找太久，可能就無法及時搶救成功。

那接下來就使用 DFS 的策略，來找到能夠找到登山客的路徑。如果是使用 DFS 走到底的策略，會任意挑一條路線直接衝到底，看可不可以找到這個受難者。所以第一條路線就挑最左邊的路線（下圖 #1 所指的路線）開始走。走到底之後，會發現這條路不通，所以搜救隊就退回原點，而走過的路線使用藍色來表示，如下圖。

接著走第二條路線（下圖 #1 所指的路線），一樣一路走到底，發現這條路走到底可以找到受難者（下圖 #2）。到這邊就馬上把水和食物給他，然後一路把他運回來。

從此策略中可見，找到登山客的路徑是不是最短路徑，或者說最佳解，這件事情我們不在意。我們只想要快點找出一個「合格解」，也就是可以找到人的路徑，然後把他救回去。這就是 DFS 在這個情況下的運用。

1-6-3　登山客問題：BFS 平均走運用

　　接著若使用寬度優先的 BFS 策略找會怎麼樣呢？如果以寬度優先的搜尋方式，
搜救隊會很平均地在每一個可能的路線中一個一個探測。所以情況會是一開始走最
左邊的路線（下圖 #1 所指的路線）一步，接下來換第二條路線（下圖 #2 所指的路
線）走一步，以此類推，將所有路線都走一步。第一輪的結果如下圖，走過的路線
使用藍色表示。

　　這一層走完之後，才往下一層使用同樣的方式每個路線各走一步。第二輪走完
後，如下圖。

第三輪走完後，如下圖。

第四輪走完後，如下圖。

從零搞懂演算法：12種演算法＋6種資料結構，超圖解入門

第五輪走完，如下圖。

我們可以發現，這樣的走法在還沒找到受難者前，就已經花了好幾個步數，也過了好幾天卻都還沒救到他。

直到最後一輪，我們找到受難者的情況，如下圖。會發現找到人之時，已經走過好幾個點了，最後才找到一條路線（下圖 #1 所指的路線）去把他救回來，可能那時他的水和食物都吃完了。

BFS 的確幫我們找到了一個最短的路徑，但是否符合這個情境的需求呢？其實是不太符合。因為這個情境只需要快速地求一個合格解，讓我們可以快點找到這個受難者，把他救回去。

所以在登山救援隊找尋受難者的例子之中，DFS 會是比較適合的策略。的確會有一種情況是使用 DFS 時，走到了一條路，其所要花的步數比 BFS 還要多，甚至是無限長的路線，但是至少 DFS 的這個策略，還是比較有可能使用比 BFS 較少的步數去救到受難者的。

1-6-4　登山客問題：小結

最後來做個小結，DFS 適合用在什麼時候呢？DFS 的策略適合用在快速找出「合格解」的情境，也就是像剛剛舉的找登山客的情境，這個情境需要的是快點找出合格解，不需要找到最佳解，這個時候就適合使用 DFS 走到底這個演算法策略。

1-6-5　導遊的路線規劃：BFS 平均走運用

接著我們來看到，在什麼樣的情況下我們適合使用 BFS（寬度優先）。假設現在的狀況是導遊要幫旅客規劃上山的最佳（最短）路徑，讓他們有最快的路線上山和下山。示意圖如下，起點為 #1 所指的導遊位置，終點為 #2 所指的山頂位置。

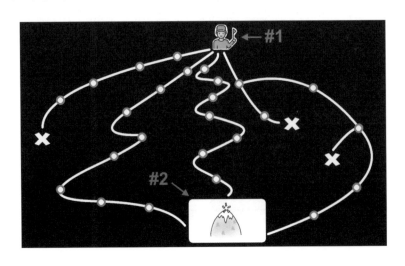

從零搞懂演算法：12 種演算法＋6 種資料結構，超圖解入門

當需要在多條道路中，找到最短路徑的時候，自然就不會用 DFS 的方式。因為不管有多快找到一條路可以到達山頂，依然還是需要把所有路線走過一次才能確認最短路徑，非常划不來。

所以這邊會使用 BFS 這個演算法策略。我們來演示一次，首先把第一層的路徑走掉，走完後如下圖，走過的路線用藍色來標示。

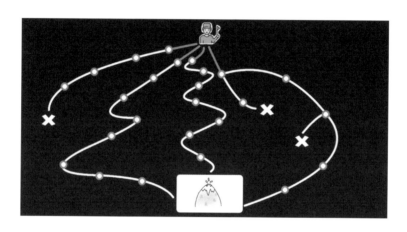

繼續往第二層走，走完後如下圖，走過的路線用藍色來標示。

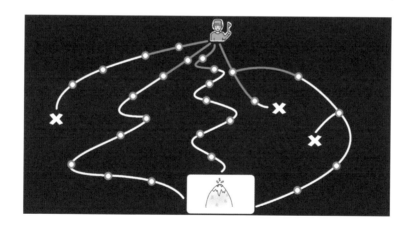

以此類推，再來第三層、第四層、第五層、第六層，最後我們找到了一條路線到達山頂（下圖 #1 所指的路線），而它也是最佳路線。

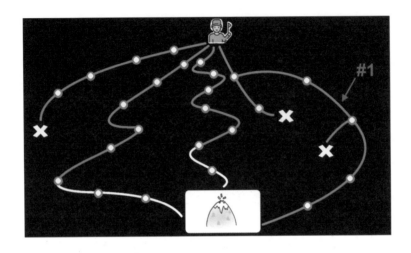

我們可以發現，當這樣平均地走時，只要其中一條路先到達了山頂，就代表這條一定是最短路徑。所以 BFS 的結論非常的單純：如果我們要找的結果，是要找跟「最短路徑」概念有關，亦即找出「最佳解」的話，就可使用 BFS 的策略來幫我們找到答案。

1-6-6　導遊的路線規劃：小結

最後來做個總結，DFS（深度優先搜尋）走到底的概念，適合讓我們快速找出「合格解」，而不是最佳解。而 BFS（廣度優先搜尋）平均走的概念，適合讓我們找出「最佳解」，而不是合格解。因此當題目出現「最短路徑」要最佳解時，其找尋方式就是使用 BFS。以上是針對 DFS 以及 BFS 的基本觀念比較，下圖是一個簡單的概念整理。

DFS（走到底）：快速找出合格解

BFS（平均走）：找出最短路徑

這邊要強調一下，DFS 和 BFS 都是高層次的演算法思維策略，而不是具體的演算法實作，這點要特別記住，以免與後續的實作概念混淆。

1-7 演算法好兄弟：衝到底（DFS）+ 遞迴（Recursion）

1-7-1　前言

本節要來介紹「DFS（深度優先搜尋）」走到底這個概念，和「遞迴（recursion）」這個實作方式之間的關係。這會是一個非常實用的觀念連結，且之後有很多實作都會用到這兩個觀念的結合。而這兩個觀念會湊在一起其實只是一種習慣，非絕對必要。事實上，DFS 走到底策略也可以用迴圈（loop）來實作，但實作起來就是會卡卡的，不這麼自然。所以大部分的時間，我們在實作 DFS 都是使用遞迴的方式。

1-7-2　DFS 與遞迴的關聯介紹：單一分支

接下來我們用一個程式碼來說明遞迴和 DFS 的關聯。現在有個方法為 void f(int n)（右圖 #1），每次執行都會再呼叫自己本身，並將 n 減 1 的值當作方法參數傳進去（右圖 #4），達到一個遞迴的作用。而每次在呼叫自己之前，會呼叫藍色區塊的 print（右圖 #3），當呼叫自己本身 return 之後（右圖 #4），會呼叫橘色區塊的 print（右圖 #5）。當我們的 n 被減到 0 的時候，這個方法就會直接 return 結束（右圖 #2）。

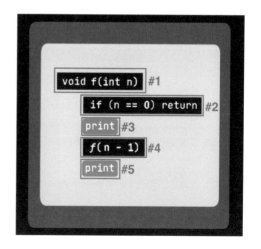

我們來舉例說明這個遞迴程式會怎麼被執行。首先將 n（左圖 #1）的值帶 4 進去。開始執行的時候，會印出 藍色區塊的 print（左圖 #2）。右圖 #4 使用兩個長方形代表 function 執行的狀態，左邊長方形代表 f(n - 1) 方法本身 return 之前的執行狀態，這裡使用藍色填滿長方形左邊，表示 藍色區塊的 print 這一行程式碼已經被執行（對應左圖 #2，右圖 #4）。

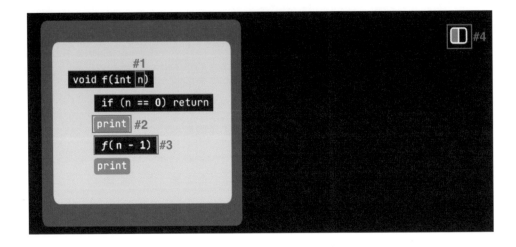

接著，將 n 減 1 呼叫自己（左圖 #1），走到下一層 function 的執行。接著，再次走過 藍色區塊的 print 一行（左圖 #2），再把藍色的部分印出來，右方這邊使用藍色填滿下層左邊長方形來表示（右圖 #3）。

好了之後，再將 n 減 1 呼叫自己後（左圖 #1），走到下一層 function 的執行。到下一層後，再走過 藍色區塊的 print（左圖 #2），在右方使用藍色填滿長方形左邊（右圖 #3）。

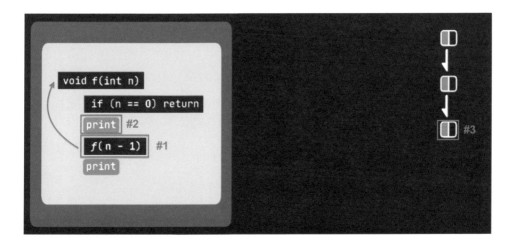

接下來，再將 n 減 1 呼叫自己後（左圖 #1），走到下一層 function 的執行。接著，走過 藍色區塊的 print（左圖 #2），在右方使用藍色填滿長方形左邊（右圖 #3）。

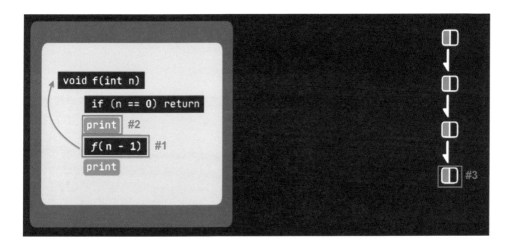

最後，將 n - 1 之後結果是 0，將 0 當作參數呼叫自己（左圖 #1）。走到下一層後，這一層因為 n = 0 所以直接 return（左圖 #2）。下圖使用一個叉叉來表示 return（右圖 #3）。

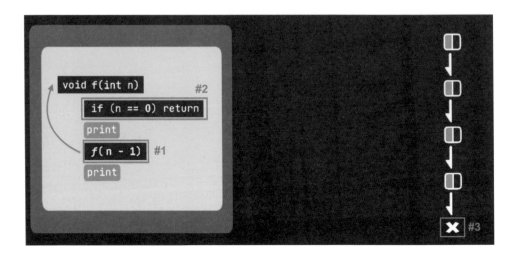

到這邊可以注意到，雖然每次的分支（右圖 #4 中的箭頭）都只有一個，但我們也可以看到 DFS 的影子在這邊出現。在目前為止的執行過程中，我們把全部 藍色 print 部分（左圖 #2）執行完畢之後，才回頭開始執行 橘色 print（左圖 #3）的部分，有種「衝到底」的感覺。對照到右圖 #4 中，也就只有看到左邊長方形塗成藍色的部分。

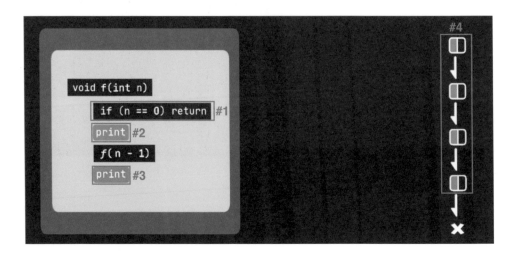

繼續程式的執行。現在 n 等於 0 所以當下的 function 會直接 return（左圖 #1），對照到右邊則用一個 X 表示該 function return（右圖 #2）。接著，就會回到上一層的方法呼叫（左圖 #3），對照到右邊的回去箭頭（右圖 #4）。然後，就會走過 橘色的 print 這一行（左圖 #5），並於長方形右側使用橘色填滿，來表示橘色的 print 已經被執行（右圖 #6）。

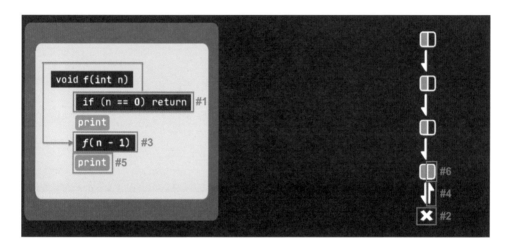

接著再回到上一層方法呼叫（左圖 #1），對照到右邊回去的箭頭（右圖 #3），然後，就會走過 橘色的 print 這一行（左圖 #2），並於長方形右側使用橘色填滿，來表示橘色的 print 已經被執行（右圖 #4）。這層方法就執行結束了。

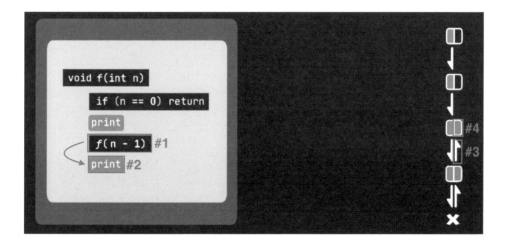

接著再回到上一層方法呼叫（左圖 #1），對照到右邊回去的箭頭（下圖 #3），然後，就會走過 橘色的 print 這一行（左圖 #2），並於長方形右側使用橘色填滿，來表示橘色的 print 已經被執行（右圖 #4）。這層方法就執行結束了。

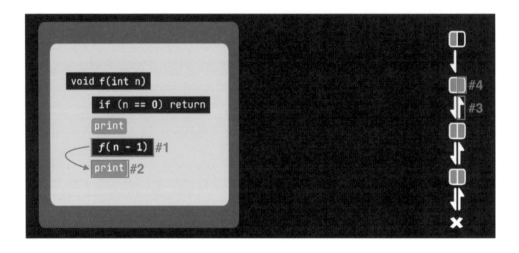

接著會回到上一層方法呼叫（左圖 #1），對照到右邊回去的箭頭（右圖 #3），然後，就會走過 橘色的 print 這一行（左圖 #2），並於長方形右側使用橘色填滿，來表示橘色的 print 已經被執行（右圖 #4）。這樣全部的方法呼叫都執行結束了。這就是只有一個分支的狀況下所出現的遞迴與 DFS 的關係結合的例子。

1-7-3　DFS 與遞迴的關聯介紹：多個分支

那接著我們用同樣的概念來看到一個更複雜的狀況。從下圖的程式碼中看到，現在的分支每次都會出現兩個：第一是下圖 #2，將 n - 1 當作參數呼叫本身方法，在 #6 的圖代表往「左下」的箭頭，意思是呼叫下一層的方法 f。第二是下圖 #4，將 n - 1 當作參數呼叫自己的地方，在 #6 的圖代表往「右下」的箭頭，意思是呼叫下一層方法 f。而 print 方法則會出現三種：藍色（下圖 #1）、綠色（下圖 #3）以及橘色（下圖 #5）。

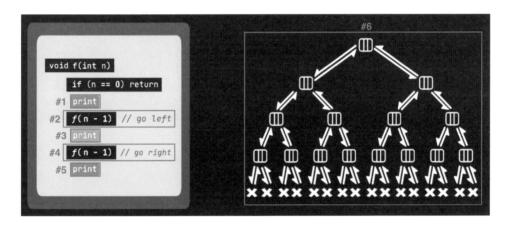

接下來我們就開始執行這個程式，看看每次出現兩個分支的遞迴，與我們 DFS 走到底之間的關係，會長什麼樣子。在這個說明程式執行過程中，建議大家可以試著去感受看一下，在整個過程中，哪個地方體現了 DFS 走到底的概念。

那我們就開始一步步執行。n（左圖 #1）一樣帶 4 進去，一開始先執行 藍色 print（左圖 #2），並於長方形左側使用藍色填滿，來表示藍色的 print 已經被執行 （右圖 #4），之後呼叫自己（左圖 #3），右圖 #5 使用藍色箭頭表示進到下一層的 方法呼叫。

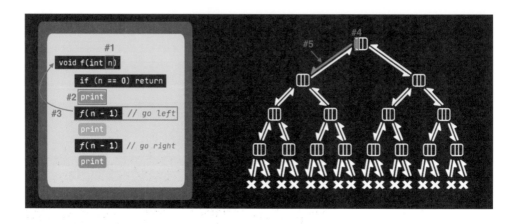

到了這層方法呼叫後，執行 藍色 print （左圖 #1），並於長方形左側使用藍色填 滿，來表示藍色的 print 已經被執行（右圖 #3），之後呼叫自己（左圖 #2），右圖 #4 使用藍色箭頭表示進到下一層的方法呼叫。

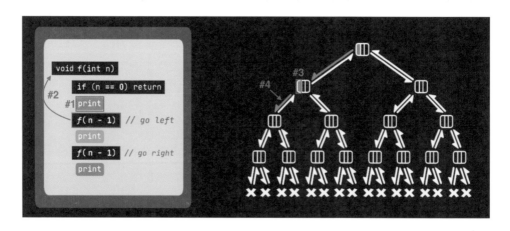

到了這層方法呼叫後，一樣執行 藍色 print （左圖 #1），並於長方形左側使用藍色填滿，來表示藍色的 print 已經被執行（右圖 #3），之後呼叫自己（左圖 #2），右圖 #4 使用藍色箭頭表示進到下一層的方法呼叫。

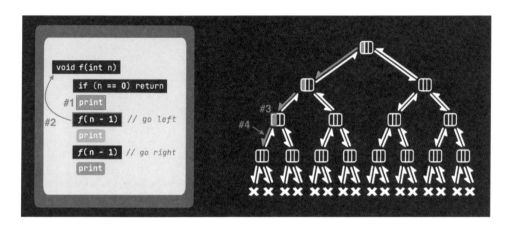

　　到了這層方法呼叫後，一樣執行 藍色 print （左圖 #1），並於長方形左側使用藍色填滿，來表示藍色的 print 已經被執行（右圖 #3），之後呼叫自己（左圖 #2），右圖 #4 使用灰色箭頭表示進到下一層的方法呼叫。

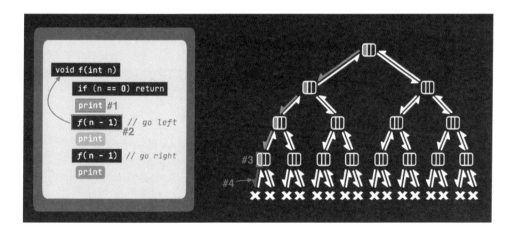

到了這層方法呼叫後，發現 n 等於 0 所以當下的 function 會直接 return（左圖 #1），對照到右邊則用一個 X 表示該 function return（右圖 #3）。接著，就會回到上一層的方法呼叫（左圖 #2），對照到右邊的回去箭頭（右圖 #4）。

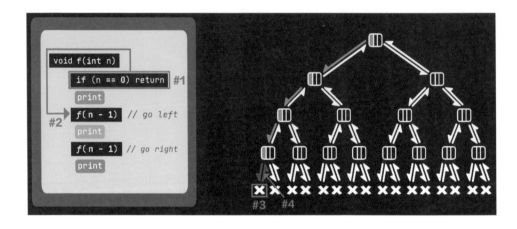

到這邊我們就能看出 DFS 的影子了。因為整個路線有這麼多分支，但我們並不是每條都先走一遍再往下一層，而是先把「左邊路線走到底」之後才回頭。

繼續程式的執行。接下來這一層方法呼叫就會走過 綠色的 print 這一行（左圖 #1），並於長方形中間使用綠色填滿，來表示綠色的 print 已經被執行（右圖 #3）。之後呼叫自己（左圖 #2），右圖 #4 使用灰色箭頭表示進到下一層方法呼叫。

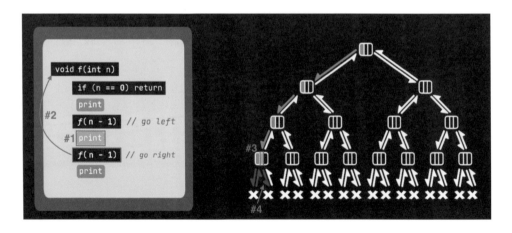

到了這層方法呼叫後，發現 n 等於 0 所以當下的 function 會直接 return（左圖 #1），對照到右邊則用一個 X 表示該 function return（右圖 #3）。接著，就會回到上一層的方法呼叫（左圖 #2），對照到右邊的回去箭頭（右圖 #4）。

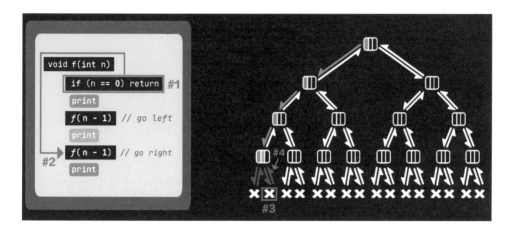

到這層方法呼叫後，就會走過 橘色的 print 這一行（左圖 #1），並於長方形右側使用橘色填滿，來表示橘色的 print 已經被執行（右圖 #3）。這層方法就執行結束了，接著會回到上一層方法呼叫（左圖 #2），對照到右邊回去的箭頭（右圖 #4）。

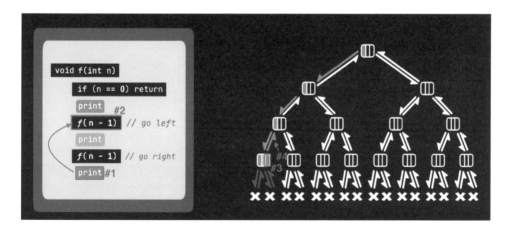

接下來這一層方法呼叫就會走過 綠色的 print 這一行（左圖 #1），並於長方形中間使用綠色填滿，來表示綠色的 print 已經被執行（右圖 #3）。之後呼叫自己（左圖 #2），右圖使用 #4 使用藍色箭頭表示進到下一層方法呼叫。

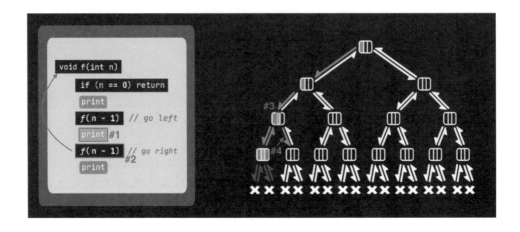

　　到了這層方法呼叫後，執行 藍色 print（左圖 #1），並於長方形左側使用藍色填滿，來表示藍色的 print 已經被執行（右圖 #3），之後呼叫自己（左圖 #2），右圖 #4 使用藍色箭頭表示進到下一層的方法呼叫。

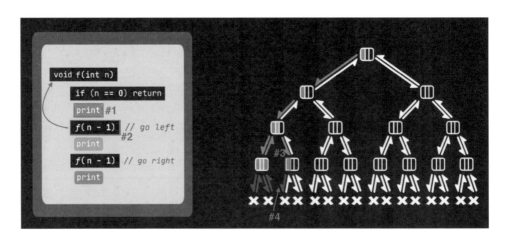

到了這一層發現 n 等於 0 了，這層方法呼叫直接 return（左圖 #1），對照到右邊則用一個 X 表示該 function return（右圖 #3）。接著，就會回到上一層的方法呼叫（左圖 #2），對照到右邊的回去箭頭（右圖 #4）。

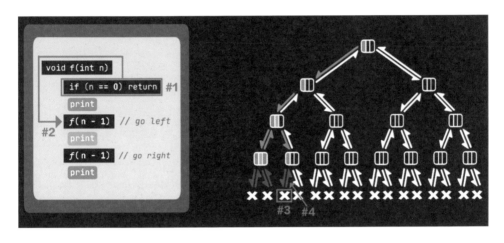

接下來這一層方法呼叫就會走過 綠色的 print 這一行（左圖 #1），並於長方形中間使用綠色填滿，來表示綠色的 print 已經被執行（右圖 #3）。之後呼叫自己（左圖 #2），右圖使用 #4 使用灰色箭頭表示進到下一層方法呼叫。

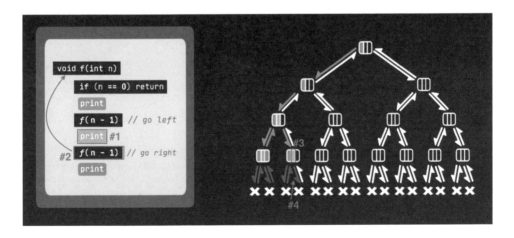

到了這層方法呼叫後，發現 n 等於 0 所以當下的 function 會直接 return（左圖 #1），對照到右邊則用一個 X 表示該 function return（右圖 #3）。接著，就會回到上一層的方法呼叫（左圖 #2），對照到右邊的回去箭頭（右圖 #4）。

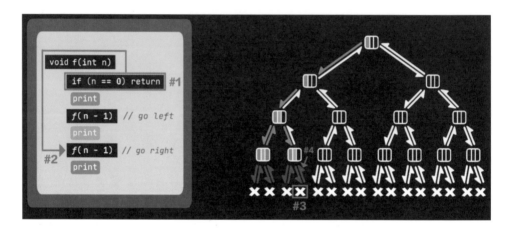

到這層方法呼叫後，就會走過 橘色的 print 這一行（左圖 #1），並於長方形右側使用橘色填滿，來表示橘色的 print 已經被執行（右圖 #3）。這層方法就執行結束了，接著會回到上一層方法呼叫（左圖 #2），對照到右邊回去的箭頭（右圖 #4）。

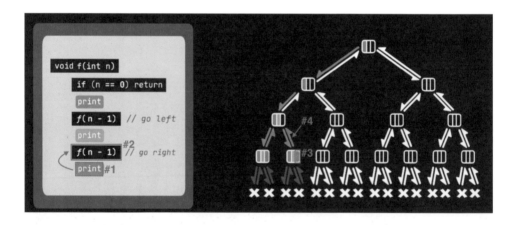

到這層方法呼叫後，就會走過 橘色的 print 這一行（左圖 #1），並於長方形右側使用橘色填滿，來表示橘色的 print 已經被執行（右圖 #3）。這層方法就執行結束了，接著會回到上一層 f(n - 1)（左圖 #2），對照到右邊回去的箭頭（右圖 #4）。

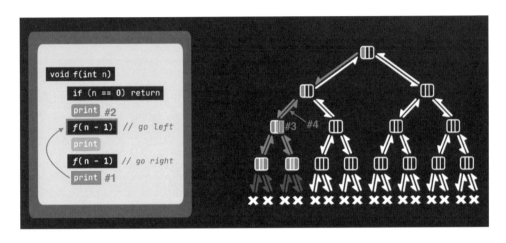

　　接下來這一層方法呼叫就會走過 綠色的 print 這一行（左圖 #1），並於長方形中間使用綠色填滿，來表示綠色的 print 已經被執行（右圖 #3）。之後呼叫自己（左圖 #2），右圖使用 #4 使用藍色箭頭表示進到下一層方法呼叫。

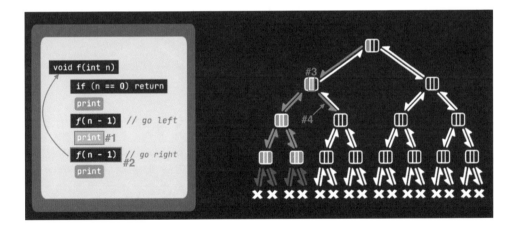

接下來的右半邊（右圖 #2）的執行狀況和左半邊（右圖 #1）一樣，因此就不再每一步仔細說明。

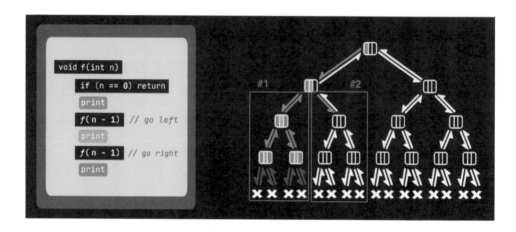

我們直接快轉到其中一個 n 是 0 的那層方法呼叫，對照右圖使用一個 X 表示（右圖 #7）。右圖中的 #3 和 #5 都使用藍色填滿正方形表示該層方法呼叫走過 藍色的 print（對照到左圖 #1），然後使用 #4 和 #6 的箭頭來表示呼叫自己走到下一層方法呼叫，對照到左圖 #2。

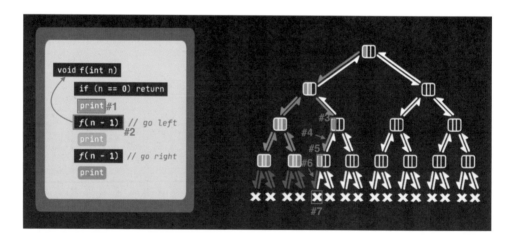

到了這層方法呼叫後，發現 n 等於 0 所以當下的 function 會直接 return（左圖 #1），對照到右邊則用一個 X 表示該 function return（右圖 #3）。接著，就會回到上一層的方法呼叫（左圖 #2），對照到右邊的回去箭頭（右圖 #4）。

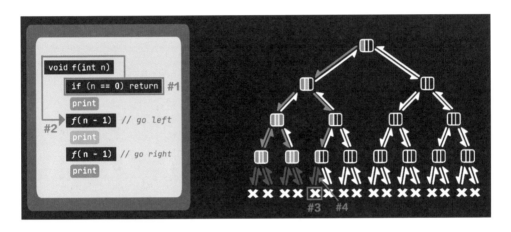

我們分析一下，會發現右圖中左半邊都走回來之後（右圖 #1），會先往右邊探個頭看一下（右圖 #2），接著發現右方左邊有路（右圖 #3），我們一樣會一路衝到底（右圖 #4 和 #6）。可以看到，右圖三個長方形框中，除了藍色的部分之外都還是空的（右圖 #3 和 #5），最後才往回頭走（右圖 #7），這也是一個 DFS 的特性。我們可以看到，從右圖 #2 開始，如果往左邊先走的話，就只會繼續往下一層呼叫，以 DFS 的模式衝到底（對照到右圖 #4 和 #6）。DFS 和遞迴的結合就在這個情境發生。

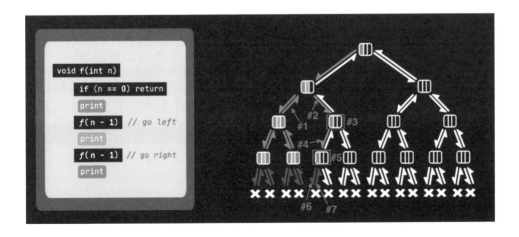

接著，我們繼續把剩下的部分一個個跑完，繼續回到方法的執行過程。這一層方法呼叫就會走過 綠色的 print 這一行（左圖 #1），並於長方形中間使用綠色填滿，來表示綠色的 print 已經被執行（右圖 #3）。之後呼叫自己（左圖 #2），右圖使用 #4 使用灰色箭頭表示進到下一層方法呼叫。

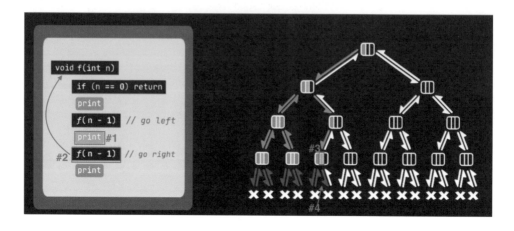

到了這層方法呼叫後，發現 n 等於 0 所以當下的 function 會直接 return（左圖 #1），對照到右邊則用一個 X 表示該 function return（右圖 #3）。接著，就會回到上一層的方法呼叫（左圖 #2），對照到右邊的回去箭頭（右圖 #4）。

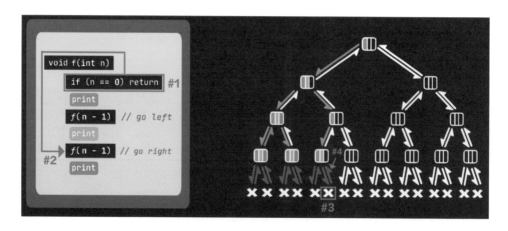

到這層方法呼叫後，就會走過 橘色的 print 這一行（左圖 #1），並於長方形右側使用橘色填滿，來表示橘色的 print 已經被執行（右圖 #3）。這層方法就執行結束了，接著會回到上一層方法呼叫（左圖 #2），對照到右邊回去的箭頭（右圖 #4）。

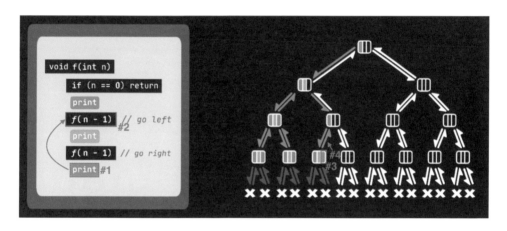

接下來這一層方法呼叫就會走過 綠色的 print 這一行（左圖 #1），並於長方形中間使用綠色填滿，來表示綠色的 print 已經被執行（右圖 #3）。之後呼叫自己（左圖 #2），右圖使用 #4 使用藍色箭頭表示進到下一層方法呼叫。

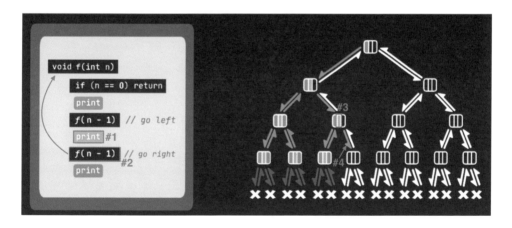

到了這層方法呼叫後，執行 藍色 print（左圖 #1），並於長方形左側使用藍色填滿，來表示藍色的 print 已經被執行（右圖 #3），之後呼叫自己（左圖 #2），右圖 #4 使用藍色箭頭表示進到下一層的方法呼叫。

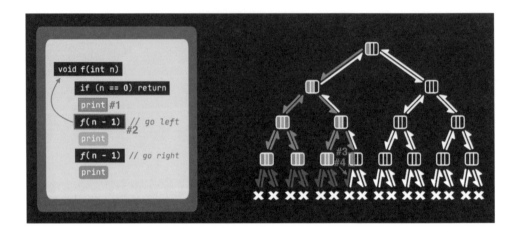

　　到了這層方法呼叫後，發現 n 等於 0 所以當下的 function 會直接 return（左圖 #1），對照到右邊則用一個 X 表示該 function return（右圖 #3）。接著，就會回到上一層的 f(n - 1)（左圖 #2），對照到右邊的回去箭頭（右圖 #4）。

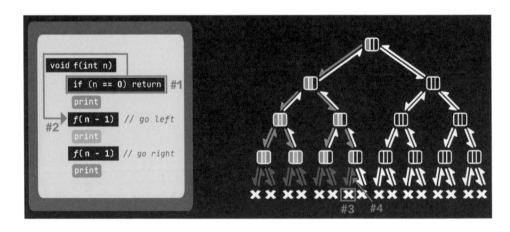

接下來這一層方法呼叫就會走過 綠色的 print 這一行（左圖 #1），並於長方形中間使用綠色填滿，來表示綠色的 print 已經被執行（右圖 #3）。之後呼叫自己（左圖 #2），右圖使用 #4 使用灰色箭頭表示進到下一層方法呼叫。

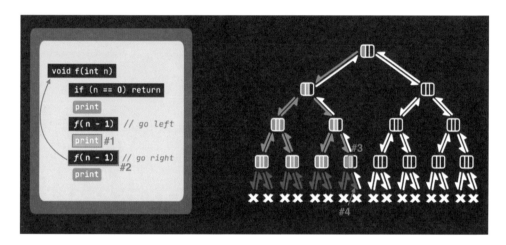

　到了這層方法呼叫後，發現 n 等於 0 所以當下的 function 會直接 return（左圖 #1），對照到右邊則用一個 X 表示該 function return（右圖 #3）。接著，就會回到上一層的方法呼叫（左圖 #2），對照到右邊的回去箭頭（右圖 #4）。

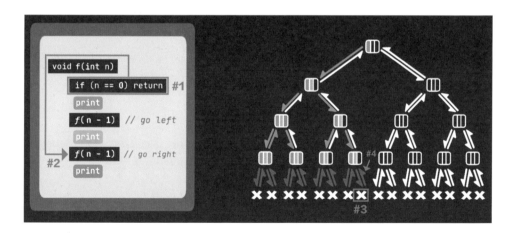

到這層方法呼叫後，就會走過 橘色的 print 這一行（右圖 #1），並於長方形右側使用橘色填滿，來表示橘色的 print 已經被執行（左圖 #3）。這層方法就執行結束了，接著會回到上一層方法呼叫（右圖 #2），對照到右邊回去的箭頭（左圖 #4）。

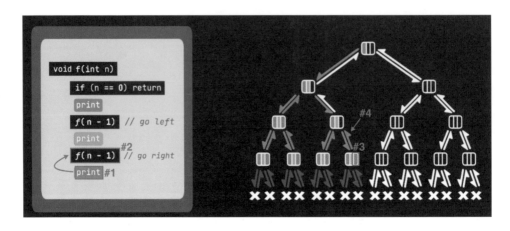

到這層方法呼叫後，就會走過 橘色的 print 這一行（左圖 #1），並於長方形右側使用橘色填滿，來表示橘色的 print 已經被執行（右圖 #3）。這層方法就執行結束了，接著會回到上一層方法呼叫（左圖 #2），對照到右邊回去的箭頭（右圖 #4）。

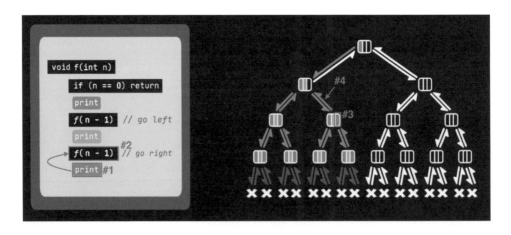

到這層方法呼叫後，就會走過 橘色的 print 這一行（左圖 #1），並於長方形右側使用橘色填滿，來表示橘色的 print 已經被執行（右圖 #3）。這層方法就執行結束了，接著會回到上一層 f(n - 1)（左圖 #2），對照到右邊回去的箭頭（右圖 #4）。

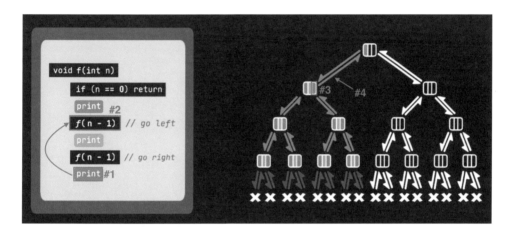

接下來這一層方法呼叫就會走過 綠色的 print 這一行（左圖 #1），並於長方形中間使用綠色填滿，來表示綠色的 print 已經被執行（右圖 #3）。之後呼叫自己（左圖 #2），右圖使用 #4 使用灰色箭頭表示進到下一層方法呼叫。

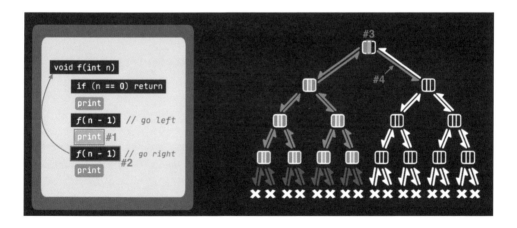

接下來快轉到左邊走到底後，沿路路過的方法呼叫都是走過 藍色 print（左圖 #1），接著呼叫自己進到下一層的方法呼叫（右圖 #2），對照右圖的 #4、#6 以及 #8 的箭頭，表示進到下一層方法呼叫，右圖 #3、#5 和 #7 使用藍色填滿長方形，代表該層方法呼叫走過 藍色 print。

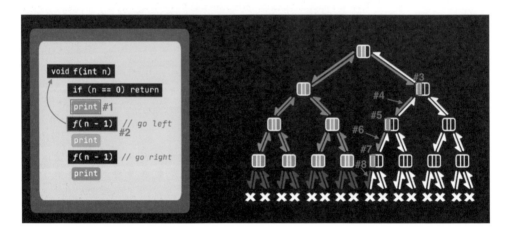

到了這層方法呼叫後，發現 n 等於 0 所以當下的 function 會直接 return（左圖 #1），對照到右邊則用一個 X 表示該 function return（右圖 #3）。接著，就會回到上一層的方法呼叫（左圖 #2），對照到右邊的回去箭頭（右圖 #4）。

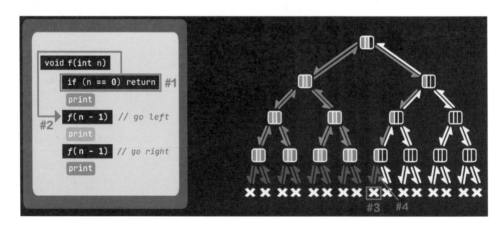

接下來這一層方法呼叫就會走過 綠色的 print 這一行（左圖 #1），並於長方形中間使用綠色填滿，來表示綠色的 print 已經被執行（右圖 #3）。之後呼叫自己（左圖 #2），右圖使用 #4 使用灰色箭頭表示進到下一層方法呼叫。

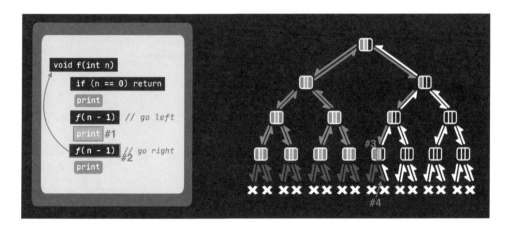

到了這層方法呼叫後，發現 n 等於 0 所以當下的 function 會直接 return（左圖 #1），對照到右邊則用一個 X 表示該 function return（右圖 #3）。接著，就會回到上一層的方法呼叫（左圖 #2），對照到右邊的回去箭頭（右圖 #4）。

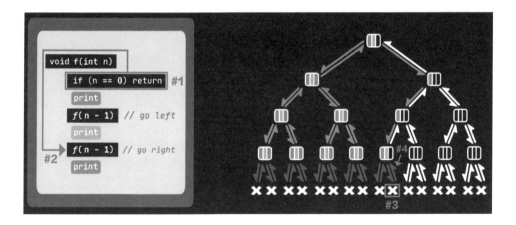

到這層方法呼叫後，就會走過 橘色的 print 這一行（左圖 #1），並於長方形右側使用橘色填滿，來表示橘色的 print 已經被執行（右圖 #3）。這層方法就執行結束了，接著會回到上一層方法呼叫（左圖 #2），對照到右邊回去的箭頭（右圖 #4）。

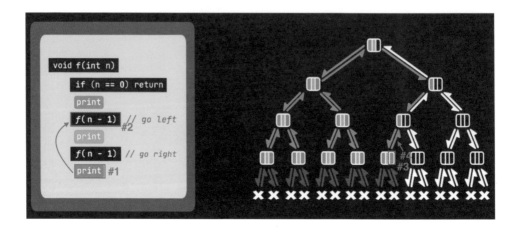

接下來這一層方法呼叫就會走過 綠色的 print 這一行（左圖 #1），並於長方形中間使用綠色填滿，來表示綠色的 print 已經被執行（右圖 #3）。之後呼叫自己（左圖 #2），右圖使用 #4 使用藍色箭頭表示進到下一層方法呼叫。

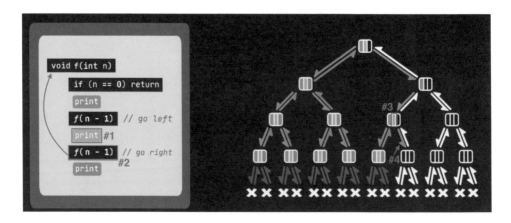

到了這層方法呼叫後，執行 藍色 print（左圖 #1），並於長方形左側使用藍色填滿，來表示藍色的 print 已經被執行（右圖 #3），之後呼叫自己（左圖 #2），右圖 #4 使用藍色箭頭表示進到下一層的方法呼叫。

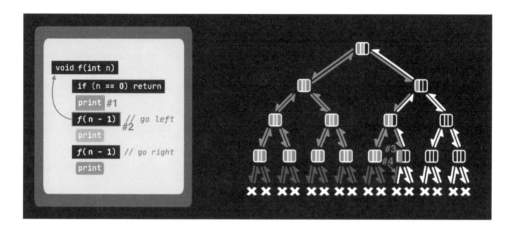

到了這層方法呼叫後，發現 n 等於 0 所以當下的 function 會直接 return（左圖 #1），對照到右邊則用一個 X 表示該 function return（右圖 #3）。接著，就會回到上一層的方法呼叫（左圖 #2），對照到右邊的回去箭頭（右圖 #4）。

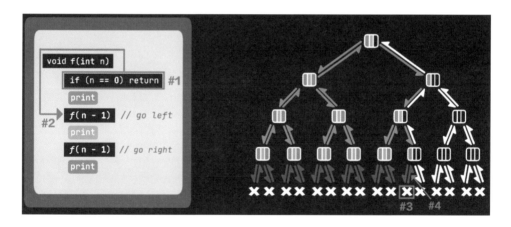

接下來這一層方法呼叫就會走過 綠色的 print 這一行（左圖 #1），並於長方形中間使用綠色填滿，來表示綠色的 print 已經被執行（右圖 #3）。之後呼叫自己（左圖 #2），右圖使用 #4 使用灰色箭頭表示進到下一層方法呼叫。

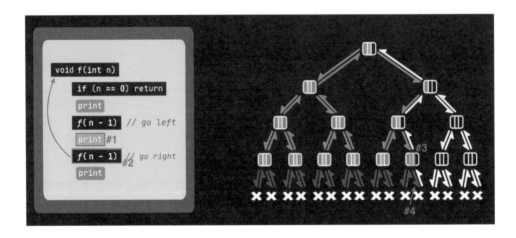

到了這層方法呼叫後，發現 n 等於 0 所以當下的 function 會直接 return（左圖 #1），對照到右邊則用一個 X 表示該 function return（右圖 #3）。接著，就會回到上一層的方法呼叫（左圖 #2），對照到右邊的回去箭頭（右圖 #4）。

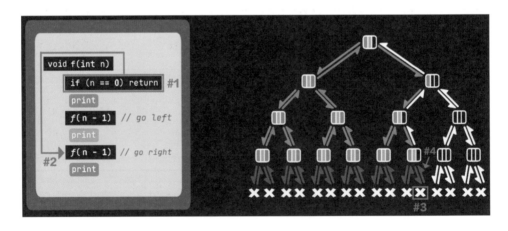

到這層方法呼叫後，就會走過 橘色的 print 這一行（左圖 #1），並於長方形右側使用橘色填滿，來表示橘色的 print 已經被執行（右圖 #3）。這層方法就執行結束了，接著會回到上一層方法呼叫（左圖 #2），對照到右邊回去的箭頭（右圖 #4）。

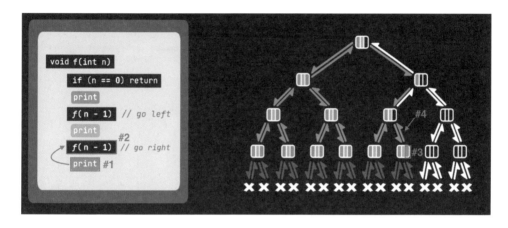

到這層方法呼叫後，就會走過 橘色的 print 這一行（左圖 #1），並於長方形右側使用橘色填滿，來表示橘色的 print 已經被執行（右圖 #3）。這層方法就執行結束了，接著會回到上一層 f(n - 1)（左圖 #2），對照到右邊回去的箭頭（右圖 #4）。

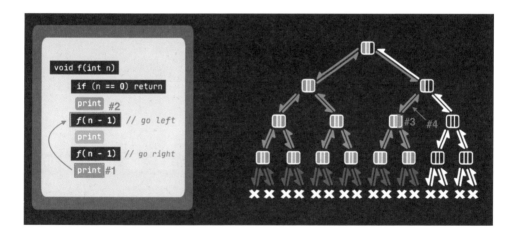

接下來這一層方法呼叫就會走過 綠色的 print 這一行（左圖 #1），並於長方形中間使用綠色填滿，來表示綠色的 print 已經被執行（右圖 #3）。之後呼叫自己（左圖 #2），右圖使用 #4 使用灰色箭頭表示進到下一層方法呼叫。

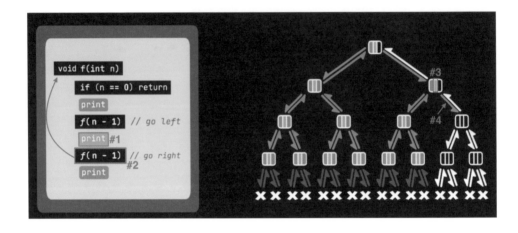

到了這層方法呼叫後，執行 藍色 print（左圖 #1），並於長方形左側使用藍色填滿，來表示藍色的 print 已經被執行（右圖 #3），之後呼叫自己（左圖 #2），右圖 #4 使用藍色箭頭表示進到下一層的方法呼叫。

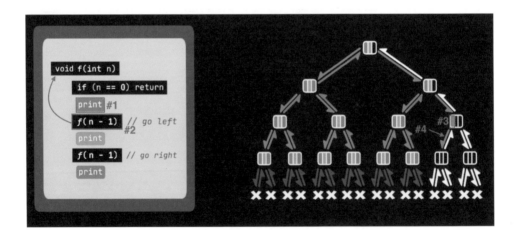

從零搞懂演算法：12 種演算法 + 6 種資料結構，超圖解入門

到了這層方法呼叫後，執行 藍色 print（左圖 #1），並於長方形左側使用藍色填滿，來表示藍色的 print 已經被執行（右圖 #3），之後呼叫自己（左圖 #2），右圖 #4 使用灰色箭頭表示進到下一層的方法呼叫。

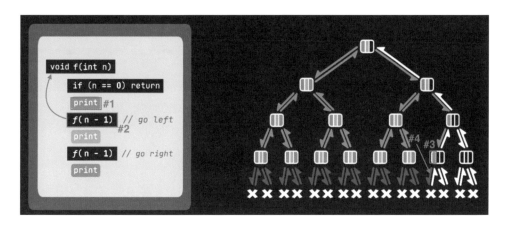

　　到了這層方法呼叫後，發現 n 等於 0 所以當下的 function 會直接 return（左圖 #1），對照到右邊則用一個 X 表示該 function return（右圖 #3）。接著，就會回到上一層的方法呼叫（左圖 #2），對照到右邊的回去箭頭（右圖 #4）。

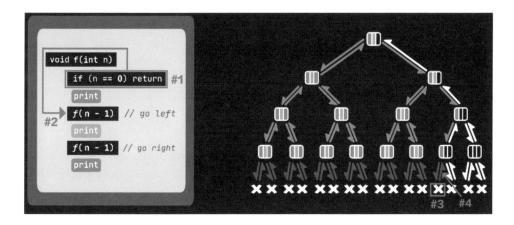

接下來這一層方法呼叫就會走過 綠色的 print 這一行（左圖 #1），並於長方形中間使用綠色填滿，來表示綠色的 print 已經被執行（右圖 #3）。之後呼叫自己（左圖 #2），右圖使用 #4 使用灰色箭頭表示進到下一層方法呼叫。

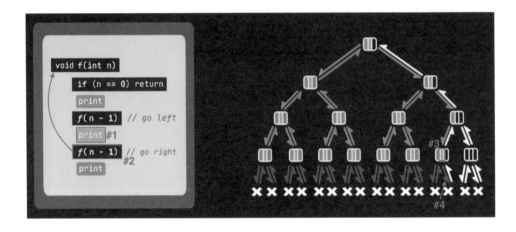

到了這層方法呼叫後，發現 n 等於 0 所以當下的 function 會直接 return（左圖 #1），對照到右邊則用一個 X 表示該 function return（右圖 #3）。接著，就會回到上一層的方法呼叫（左圖 #2），對照到右邊的回去箭頭（右圖 #4）。

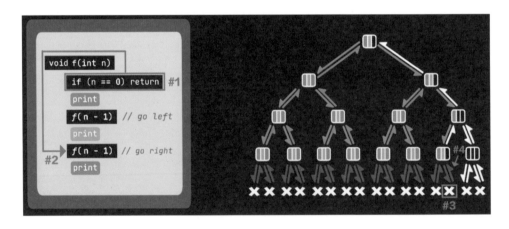

到這層方法呼叫後，就會走過 橘色的 print 這一行（左圖 #1），並於長方形右側使用橘色填滿，來表示橘色的 print 已經被執行（右圖 #3）。這層方法就執行結束了，接著會回到上一層方法呼叫（左圖 #2），對照到右邊回去的箭頭（右圖 #4）。

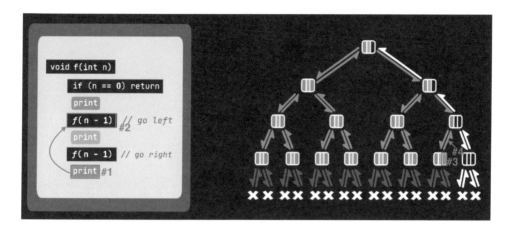

接下來這一層方法呼叫就會走過 綠色的 print 這一行（左圖 #1），並於長方形中間使用綠色填滿，來表示綠色的 print 已經被執行（右圖 #3）。之後呼叫自己（左圖 #2），右圖使用 #4 使用藍色箭頭表示進到下一層方法呼叫。

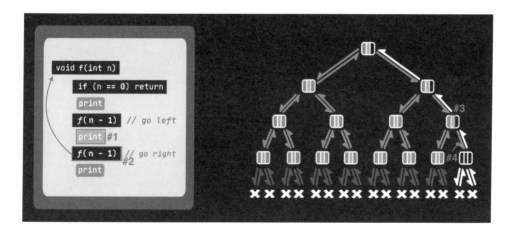

到了這層方法呼叫後，執行 藍色 print（左圖 #1），並於長方形左側使用藍色填滿，來表示藍色的 print 已經被執行（右圖 #3），之後呼叫自己（左圖 #2），右圖 #4 使用灰色箭頭表示進到下一層的方法呼叫。

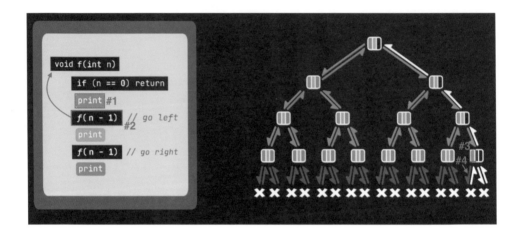

到了這層方法呼叫後，發現 n 等於 0 所以當下的 function 會直接 return（左圖 #1），對照到右邊則用一個 X 表示該 function return（右圖 #3）。接著，就會回到上一層的方法呼叫（左圖 #2），對照到右邊的回去箭頭（右圖 #4）。

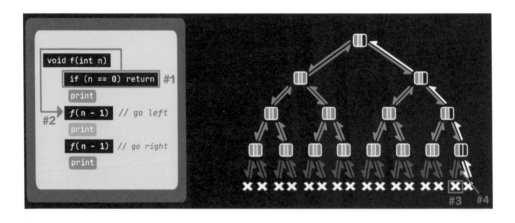

接下來這一層方法呼叫就會走過 綠色的 print 這一行（左圖 #1），並於長方形中間使用綠色填滿，來表示綠色的 print 已經被執行（右圖 #3）。之後呼叫自己（左圖 #2），右圖使用 #4 使用灰色箭頭表示進到下一層方法呼叫。

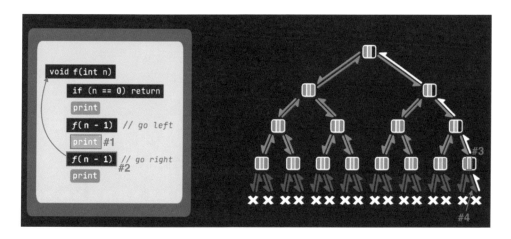

到了這層方法呼叫後，發現 n 等於 0 所以當下的 function 會直接 return（左圖 #1），對照到右邊則用一個 X 表示該 function return（右圖 #3）。接著，就會回到上一層的方法呼叫（左圖 #2），對照到右邊的回去箭頭（右圖 #4）。

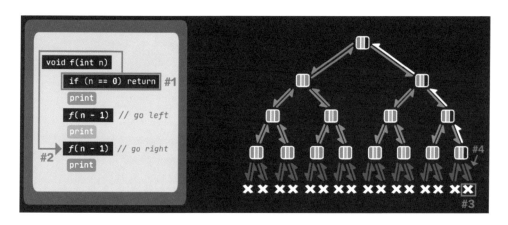

到這層方法呼叫後，就會走過 橘色的 print 這一行（左圖 #1），並於長方形右側使用橘色填滿，來表示橘色的 print 已經被執行（右圖 #3）。這層方法就執行結束了，接著會回到上一層方法呼叫（左圖 #2），對照到右邊回去的箭頭（右圖 #4）。

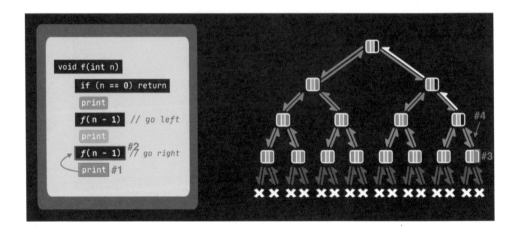

到這層方法呼叫後，就會走過 橘色的 print 這一行（左圖 #1），並於長方形右側使用橘色填滿，來表示橘色的 print 已經被執行（右圖 #3）。這層方法就執行結束了，接著會回到上一層方法呼叫（左圖 #2），對照到右邊回去的箭頭（右圖 #4）。

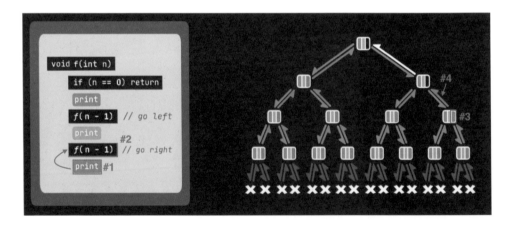

到這層方法呼叫後，就會走過 橘色的 print 這一行（左圖 #1），並於長方形右側使用橘色填滿，來表示橘色的 print 已經被執行（右圖 #3）。這層方法就執行結束了，接著會回到上一層方法呼叫（左圖 #2），對照到右邊回去的箭頭（右圖 #4）。

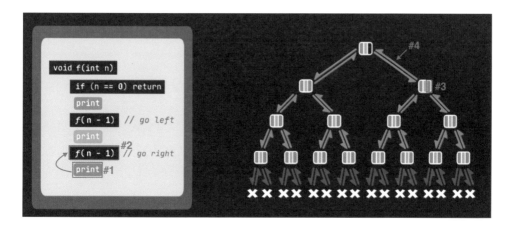

到了這層就是最上層的方法呼叫，然後就會走過 橘色的 print 這一行（左圖 #1），並於長方形右側使用橘色填滿，來表示橘色的 print 已經被執行（右圖 #2）。這樣全部的方法執行就結束了！

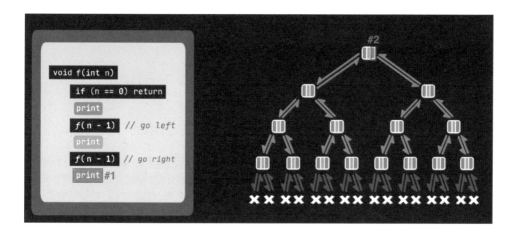

可以看到，整個方法執行過程在使用遞迴的時候，與 DFS 的觀念不謀而合，有一路走到底的傾向。這也是為什麼我們在習慣上，遇到想要實作「DFS」走到底的情境時，第一直覺就是去使用「遞迴」這個實作方式。

在了解 DFS 與遞迴的關係之後，接下來用另一個實際的例子來說明，為什麼 DFS 適合讓我們去快速找出合理解。

1-7-4　DFS 運用：找到第一顆橘子

我們說過，DFS 走到底適合快速找出「合理解」。所以新的範例是要利用程式找到一顆橘子，在這個情境下不用管橘子是不是最大的那一顆，只要讓我快速找到第一顆就可以了。這時候我們就採用 DFS 走到底的方式來幫忙找。

首先看到程式碼多了一行（左圖 #1），用來代表在整個路線中找到一個橘子的話，整個路線就直接回頭。而這個橘子，大家可以想像，它是一個全域變數，只要程式走到右圖 #2、#3、#4 和 #5 其中一個地方，orange 變數就會變成 true。也就是說，所有的方法呼叫中的 orange 就都會是 true。現在就來看一下路線會怎麼跑。

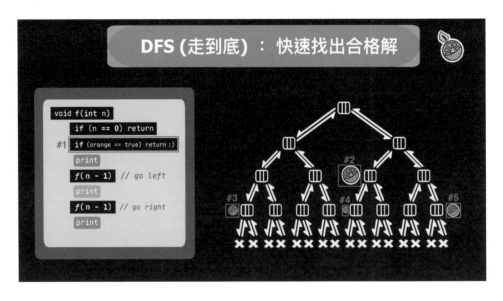

從零搞懂演算法：12 種演算法＋6 種資料結構，超圖解入門

這裡 n 一樣用 4 帶入（左圖 #1）。一開始執行 藍色 print（左圖 #2），並於長方形左側使用藍色填滿，來表示藍色的 print 已經被執行（右圖 #4），之後呼叫自己（左圖 #3），右圖 #5 使用藍色箭頭表示進到下一層的方法呼叫。

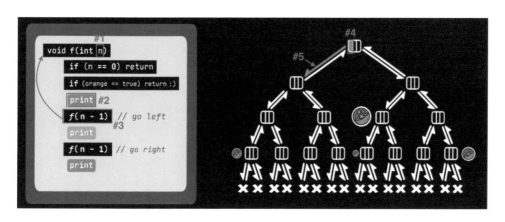

到了這層方法呼叫後，執行 藍色 print（左圖 #1），並於長方形左側使用藍色填滿，來表示藍色的 print 已經被執行（右圖 #3），之後呼叫自己（左圖 #2），右圖 #4 使用藍色箭頭表示進到下一層的方法呼叫。

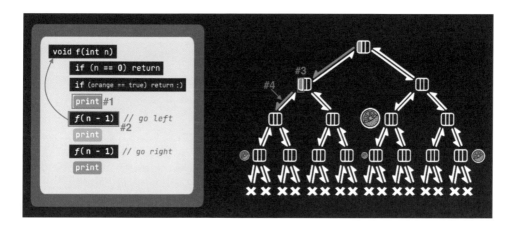

到了這層方法呼叫後，執行 藍色 print（左圖 #1），並於長方形左側使用藍色填滿，來表示藍色的 print 已經被執行（右圖 #3），之後呼叫自己（左圖 #2），右圖 #4 使用藍色箭頭表示進到下一層的方法呼叫。

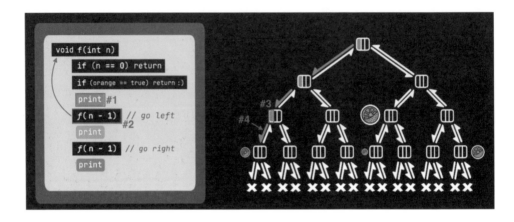

到這邊發現第一顆橘子出現了（右圖 #3）！因此把 orange 全域變數設成 true。因為 orange 變數變成 true 了，所以之後包含本次的方法呼叫都可以直接 return（左圖 #1），直接回到上一層方法呼叫（左圖 #2），下圖使用黃色回去的箭頭表示（右圖 #4）。

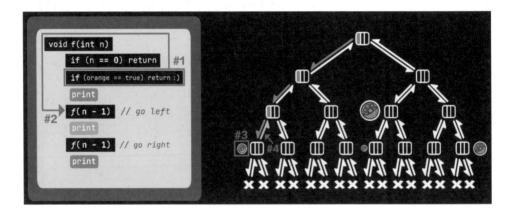

接下來，因為這層方法呼叫是在 orange 變數變成 true 之前執行，因此不會走到直接 return 那一行（左圖 #1），反而會走過 綠色的 print 這一行（左圖 #2），並於長方形中間使用綠色填滿，來表示綠色的 print 已經被執行（右圖 #4）。之後呼叫自己（左圖 #3）進到下一層方法呼叫，右圖 #5 使用藍色箭頭表示。

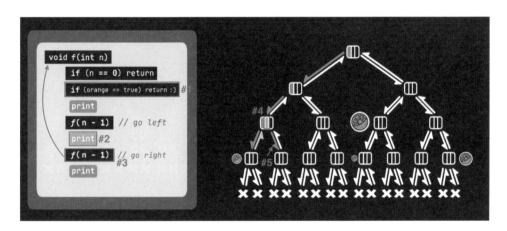

到了這層方法呼叫之後，因為變數 orange 已經是 true 了，所以方法直接 return（左圖 #1），回到上一層方法呼叫（左圖 #2），右邊使用回去的黃色箭頭表示（右圖 #3）。

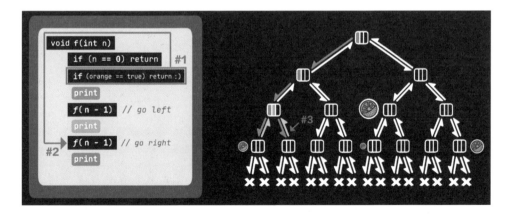

到這層方法呼叫後，就會走過 橘色的 print 這一行（左圖 #1），並於長方形右側使用橘色填滿，來表示橘色的 print 已經被執行（右圖 #3）。這層方法就執行結束了，接著會回到上一層方法呼叫（左圖 #2），對照到右邊回去的箭頭（右圖 #4）。

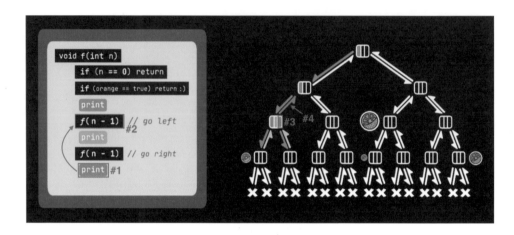

接下來，因為這層方法呼叫是在 orange 變數變成 true 之前執行，因此不會走到直接 return 那一行（左圖 #1），反而會走過 綠色的 print 這一行（右圖 #2），並於長方形中間使用綠色填滿，來表示綠色的 print 已經被執行（左圖 #4）。之後呼叫自己（右圖 #3）進到下一層方法呼叫，右圖 #5 使用藍色箭頭表示。

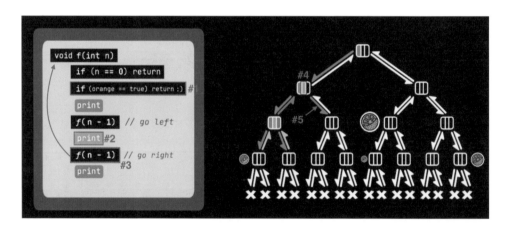

到了這層方法呼叫之後，因為變數 orange 已經是 true 了，所以方法直接 return（左圖 #1），回到上一層方法呼叫（左圖 #2），右邊使用回去的黃色箭頭表示（右圖 #3）。

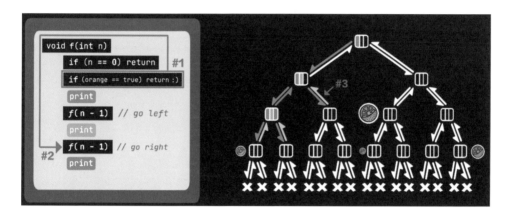

到這層方法呼叫後，就會走過 橘色的 print 這一行（左圖 #1），並於長方形右側使用橘色填滿，來表示橘色的 print 已經被執行（右圖 #3）。這層方法就執行結束了，接著會回到上一層方法呼叫（左圖 #2），對照到右邊回去的箭頭（右圖 #4）。

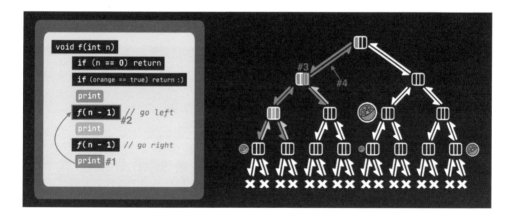

接下來，因為這層方法呼叫是在 orange 變數變成 true 之前執行，因此不會走到直接 return 那一行（左圖 #1），反而會走過 綠色的 print 這一行（左圖 #2），並於長方形中間使用綠色填滿，來表示綠色的 print 已經被執行（右圖 #4）。之後呼叫自己（左圖 #3）進到下一層方法呼叫，右圖 #5 使用藍色箭頭表示。

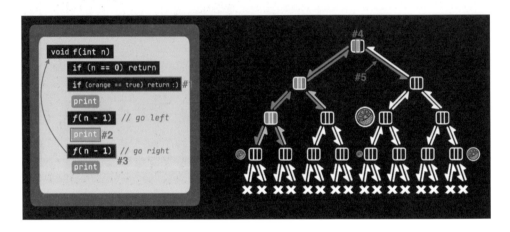

到了這層方法呼叫之後，因為變數 orange 已經是 true 了，所以方法直接 return（左圖 #1），回到上一層方法呼叫（左圖 #2），右邊使用回去的黃色箭頭表示（右圖 #3）。

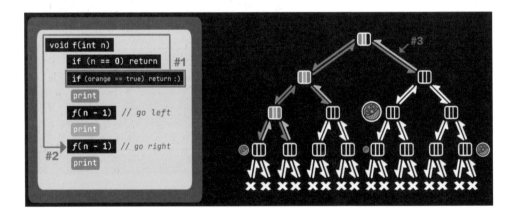

到了這層就是最上層的方法呼叫，然後就會走過 橘色的 print 這一行（左圖 #1），並於長方形右側使用橘色填滿，來表示橘色的 print 已經被執行（右圖 #3）。這樣全部的方法執行就結束了！

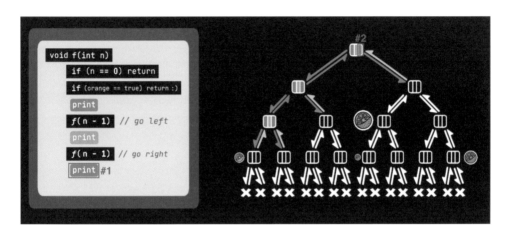

1-7-5 小結

由以上例子中可以看到，DFS 非常適合快速找出合格解，像是在找橘子的例子中，我們只是想要吃到橘子，並不在意它是不是最大的那一顆。所以就一路跑到底，很快地找到第一個橘子之後，其他路線就可以省略，直接 return，讓整體程式執行的效率提升，同時也符合我們當下的需求。透過這次仔細的步驟展示，也能清楚看出「DFS」這個演算法觀念與「遞迴」之間的關係。

這邊再強調一次，「遞迴」和「DFS」只是習慣上常把他們結合起來使用，但他們兩個的結合不是必須的。在 99% 的狀況下，我們通常會將這兩者結合起來使用，但是在其他 1% 的狀況下，硬要把 DFS 用迴圈的方式實作也是可以的，那就是一個非常特殊的狀況。

1-8 演算法好姐妹：公平走（BFS）+ 迴圈（Loop）

1-8-1　前言

本節要介紹的是 BFS（Breadth-First Search，寬度優先平均走）這個概念，以及它與演算法實作中迴圈（loop）之間的關係。我們習慣上會把這兩個概念湊在一起，因為我們在實作上很容易透過迴圈做出 BFS。

1-8-2　BFS 與迴圈的關聯介紹：最短路徑

在說明範例程式之前，有件事需要提一下，就是在實作 BFS 的時候，很常會運用到 Queue 這個資料結構，而 Queue 具有所謂的先進先出（First In First Out）的特性。接下來就來說明一下我們的範例程式碼，這個程式的目的是使用最短路徑來找到橘子。

右圖每個正方形都代表一個節點（Node），橘子的位置在右圖 #9、#10、#11、#12 的 Node 的位置。程式一開始會初始化一個 Queue，並把 node_start 這個開頭的 Node 節點（右圖 #8），加進去 Queue 中（左圖 #1）。接著就會進到 while 無限迴圈中（左圖 #2），迴圈的每一輪會從 Queue 中取出一個 Node 節點（左圖 #4），特別記得 Queue「先進先出」的概念。因此之後取出來的 Node 節點，就是最早加進去的 Node 節點。接下來，檢查這個 Node 節點的左邊分支是不是空的，如果不是空的，就把它加到 Queue 裡面（左圖 #6）供之後使用。那如果這個 Node 節點右邊的分支也不是空的，也把它加進 Queue 裡面（左圖 #7）供下一輪使用。這個 while 迴圈就這樣一直執行直到 Queue 空了，也就是 queue.size() 的值為 0 的狀況（左圖 #3），或直到目前的 Node 節點有橘子的狀況（左圖 #5，這裡使用 node_has_orange 這個布林值變數來表示 Node 節點是否有橘子），兩者其中一個狀況發生都會終止後續執行步驟。

從零搞懂演算法：12種演算法＋6種資料結構，超圖解入門

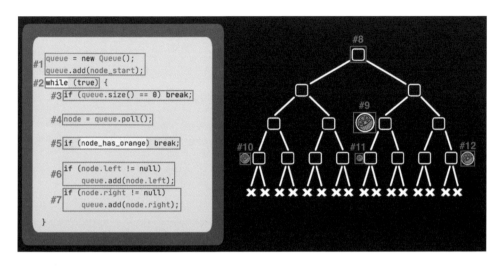

現在就來執行我們的程式，找到能夠找到橘子的最短路徑。

從頂點的 Node 節點為起點（右圖 #2），一開始先把頂點的 Node 節點加到 Queue 裡面（左圖 #1 使用 node_start 變數代表頂點的 Node 節點），對照右圖 #2 將邊框塗成 黃色 ，表示該 Node 節點被加入到 Queue 中。加進去之後，就進入到 while 迴圈中（左圖 #3）。

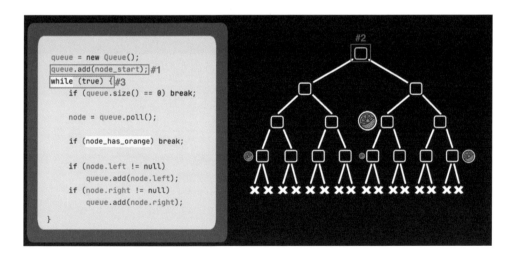

首先從 Queue 中取出一個 Node 節點（左圖 #1），在這一輪中取出的，就是一開始加入頂點的 Node 節點，對照右圖 #6 將正方形填滿 黃色，表示該 Node 節點是這一輪從 Queue 中取出的 Node 節點。接著檢查一下這個 Node 節點左邊有沒有分支（左圖 #2），結果是有的，就將左邊的 Node 節點加進 Queue 裡面（左圖 #3），對照右圖 #7 將正方形邊框塗成 黃色，表示該 Node 節點被加入到 Queue 中。接著檢查一下這個 Node 節點右邊有沒有分支（左圖 #4），結果也有，因此也將右邊的 Node 節點加進 Queue 裡面（左圖 #5），對照右圖 #8 將正方形邊框塗成 黃色，表示該 Node 被加入到 Queue 中。之後，就往下一輪跑（左圖 #9）。

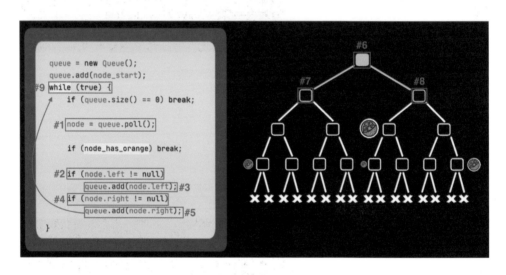

在這一輪中，一樣先從 Queue 中取出一個 Node 節點（左圖 #1），這次取出的 Node 節點，是頂點左邊分支的 Node 節點，對照右圖 #6 將正方形填滿 黃色，表示該 Node 是這一輪從 Queue 中取出的 Node。接著檢查一下這個 Node 節點左邊有沒有分支（左圖 #2），結果是有的，就將左邊的 Node 節點加進 Queue 裡面（左圖 #3），對照右圖 #7 將正方形邊框塗成 黃色，表示該 Node 節點被加入到 Queue 中。接著檢查一下這個 Node 節點右邊有沒有分支（左圖 #4），結果也有，因此也將右邊的 Node 節點加進 Queue 裡面（左圖 #5），對照右圖 #8 將正方形邊框塗成 黃色，表示該 Node 節點被加入到 Queue 中。之後，就往下一輪跑（左圖 #9）。

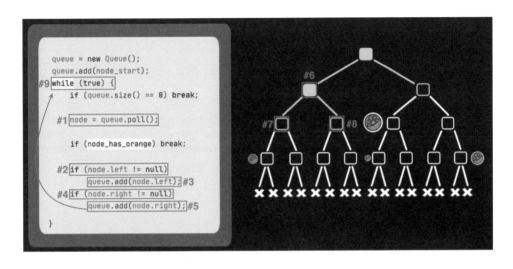

```
queue = new Queue();
queue.add(node_start);
#9 while (true) {
       if (queue.size() == 0) break;

#1    node = queue.poll();

       if (node_has_orange) break;

#2  if (node.left != null)
         queue.add(node.left); #3
#4  if (node.right != null)
         queue.add(node.right); #5
}
```

到這裡我們會發現，BFS 並不會直接一路走下去探到底。也就是説，接下來會被拿來執行的 Node 節點，會是第一層右邊分支的這個 Node 節點（右圖 #1），因為目前它排在 Queue 的最前面，所以我們會先從 Queue 中取出這個 Node 節點來執行。

```
queue = new Queue();
queue.add(node_start);
while (true) {
       if (queue.size() == 0) break;

       node = queue.poll();

       if (node_has_orange) break;

       if (node.left != null)
         queue.add(node.left);
       if (node.right != null)
         queue.add(node.right);
}
```

在這一輪中，一樣先從 Queue 中取出一個 Node 節點（左圖 #1），這次取出的 Node 節點，是頂點右邊分支的 Node 節點，對照右圖 #6 將正方形填滿黃色，表示該 Node 節點是這一輪從 Queue 中取出的 Node 節點。接著檢查一下這個 Node 節點左邊有沒有分支（左圖 #2），結果是有的，就將左邊的 Node 節點加進 Queue 裡面（左圖 #3），對照右圖 #7 將正方形邊框塗成黃色，表示該 Node 節點被加入到 Queue 中。接著檢查一下這個 Node 節點右邊有沒有分支（左圖 #4），結果也有，因此也將右邊的 Node 節點加進 Queue 裡面（左圖 #5），對照右圖 #8 將正方形邊框塗成黃色，表示該 Node 節點被加入到 Queue 中。之後，就往下一輪跑（右圖 #9）。

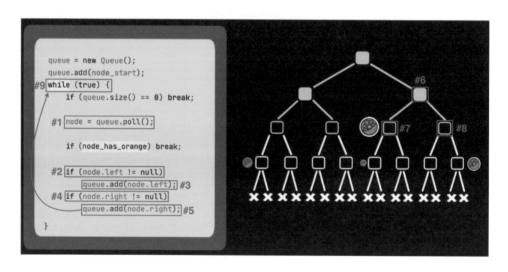

在這一輪中，一樣先從 Queue 中取出一個 Node 節點（左圖 #1），這次取出的 Node 節點，是第二層左邊 Node 節點左邊分支的 Node 節點，對照右圖 #6 將正方形填滿 黃色 ，表示該 Node 節點是這一輪從 Queue 中取出的 Node 節點。接著檢查一下這個 Node 節點左邊有沒有分支（左圖 #2），結果是有的，就將左邊的 Node 節點加進 Queue 裡面（左圖 #3），對照右圖 #7 將正方形邊框塗成 黃色 ，表示該 Node 節點被加入到 Queue 中。接著檢查一下這個 Node 節點右邊有沒有分支（左圖 #4），結果也有，因此也將右邊的 Node 節點加進 Queue 裡面（左圖 #5），對照右圖 #8 將正方形邊框塗成 黃色 ，表示該 Node 節點被加入到 Queue 中。之後，就往下一輪跑（右圖 #9）。

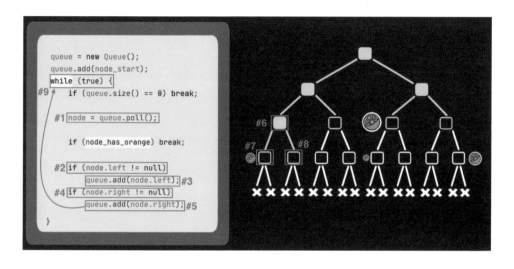

在這一輪中，一樣先從 Queue 中取出一個 Node 節點（左圖 #1），這次取出的
Node 節點，是第二層右邊 Node 節點左邊分支的 Node 節點，對照右圖 #6 將正
方形填滿 黃色 ，表示該 Node 節點是這一輪從 Queue 中取出的 Node 節點。接
著檢查一下這個 Node 節點左邊有沒有分支（左圖 #2），結果是有的，就將左邊的
Node 節點加進 Queue 裡面（左圖 #3），對照右圖 #7 將正方形邊框塗成 黃色 ，
表示該 Node 節點被加入到 Queue 中。接著檢查一下這個 Node 節點右邊有沒有
分支（左圖 #4），結果也有，因此也將右邊的 Node 節點加進 Queue 裡面（左圖
#5），對照右圖 #8 將正方形邊框塗成 黃色 ，表示該 Node 節點被加入到 Queue 中。
之後，就往下一輪跑（右圖 #9）。

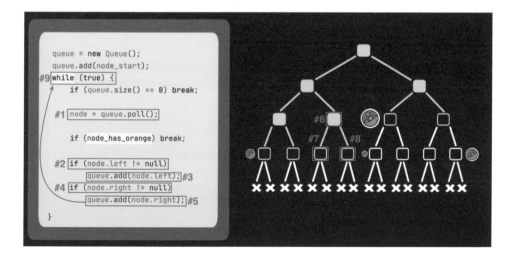

到了這一輪，一開始再取出下一個在 Queue 中的 Node 節點（左圖 #1），對照右圖 #3 將正方形填滿 黃色 ，表示該 Node 節點是這一輪從 Queue 中取出的 Node 節點，結果我們發現取出的 Node 節點的位置就有一顆橘子了（右圖 #4）。這就代表我們找出了一個走最短的步數可以找到的一個橘子。對照右圖可以看到，從頂點的 Node 節點（右圖 #5）走下去，只要經過 2 個分支（右圖 #6 和 #7 所指的分支）就可以走到這個橘子到達的 Node 節點（右圖 #3）。走到這個橘子所在 Node 節點（右圖 #3）所經過的路徑，比走到其他橘子所在 Node 節點的路徑都還要短。這代表我們真的透過了我們的「BFS 平均走」這個策略，幫助我們可以找到橘子的最短路徑。也因為我們找到了橘子，node_has_orange 變數（左圖 #2）的值變成了 true，所以就能夠直接離開迴圈，透過這樣提升我們的搜尋效能。

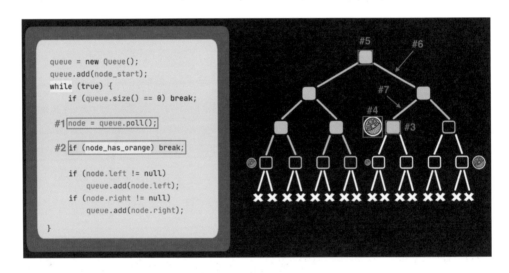

從這個範例就可以明顯地看得出來，「BFS 平均走」這個策略與「迴圈」之間的關係是非常緊密而且非常適合結合在一起的。

1-8-3　小結

最後要再強調一下，BFS 和迴圈這兩個在實作上的結合，只是我們在 99% 的狀況下習慣這樣子去實作，並不是說 BFS 的實作一定要使用迴圈才能夠實現。如果硬要把 BFS 透過遞迴的方式來實作，那也是可以，真的很有空時才去挑戰看看。

初出茅廬，小試身手：
「三大排序演算法」

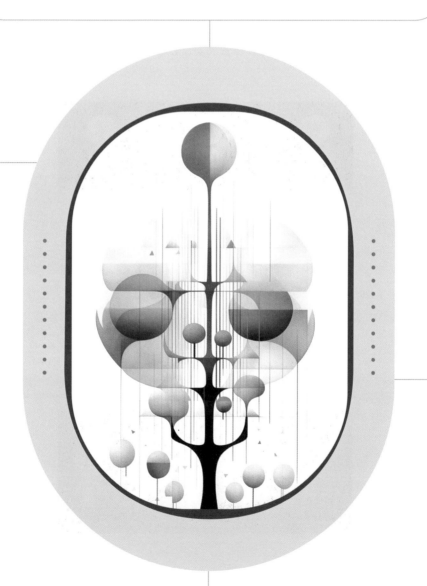

2-1 氣泡排序（Bubble Sort）

2-1-1 前言

本節將使用圖解的方式來學習 Bubble Sort 這個排序演算法。

2-1-2 情境：大隊接力棒次安排

下圖五個人頭代表五個跑者，人頭上的數字代表跑步的速度，數字越大代表跑步的速度越快。

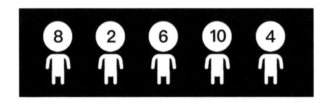

接下來我們就使用 Bubble Sort 排序演算法，將這五個跑者以由慢到快的順序進行排序。

2-1-3 Bubble Sort 演算法：第一輪排序

每一輪排序 Bubble Sort 都會從隊伍之中的一開始挑選一位跑者，比如說這個速度 8 的跑者（下圖 #1），然後這個跑者會一路向前跑，不停地和下一個跑者比較速度。

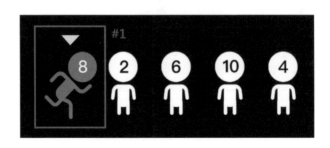

比如說下一個跑者的速度是 2（下圖 #1），比目前跑者的速度還要慢，我們就會將這兩個跑者的順序做交換。

交換後順序如下圖。

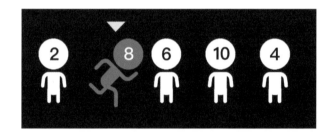

之後繼續往下一個跑者比較速度，下一個跑者速度為 6（下圖 #1），也比目前的跑者速度慢，因此我們也將這兩個跑者順序做交換。

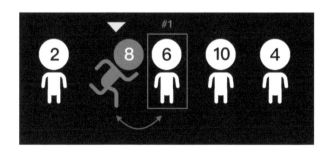

交換後順序如下圖。

接下來再和下一個跑者進行比較，這次發現不一樣了，因為下一個跑者速度為 10（下圖#1），比我們目前跑者的速度還要快。這時我們就會出現一個「跑步接棒」的情形，也就是我們往後跑的跑者改成下一個跑比較快的那位跑者，在這裡就是速度 10 的跑者。我們速度 8 的跑者就會停在目前的位置。

接棒之後的情形如下圖，可以發現，現在往後跑的跑者變成速度 10 的跑者（下圖 #1）。

從零搞懂演算法：12 種演算法＋6 種資料結構，超圖解入門

繼續往下比較，發現下一個跑者的速度為 4（下圖 1），比我們目前跑者的速度還要慢，因此我們將這兩個跑者順序做交換。

交換完成之後，順序如下圖。

現在我們的第一位跑者已經到了最後一個位置（下圖 #1），代表我們已經把這個跑者的位置確認了。以我們目前的排序邏輯之中，這代表目前這個跑者的速度是整排跑者之中「速度最快」的那一個。這樣我們就完成的第一輪的排序了，目前排序狀況如下圖。

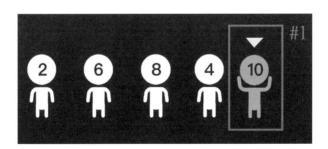

2-1-4 Bubble Sort 演算法：第二輪排序

接下來我們就重複同樣的比較邏輯進行排序。

我們一樣先挑選最開始的人當作目前的跑者。在這裡就是速度 2 的這一位跑者。

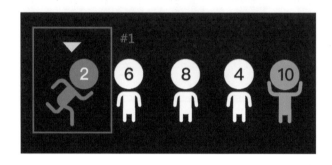

接下來速度 2 的跑者就會開始往後跑，和後面的人比速度，結果發現下一個人（下圖 #1）就跑得比自己快，因此就把接力棒交給他，速度 2 的跑者就會停在原地，速度 6 的跑者（下圖 #1）就會接著往後跑。

目前的情況如下圖。

接下來速度 6 的跑者往後跑和下一個跑者比較速度，發現下一位跑者（下圖 #1）的速度更快，因此就把接力棒接給他，速度 6 的跑者停在原地，速度 8 的跑者變成要往後跑的跑者。

目前的情況如下圖。

速度 8 的跑者繼續往後跑，和下一位跑者比速度，發現下一位跑者（下圖 #1）的速度比較慢，因此就將兩位跑者的順序進行交換。

交換後的順序如下圖。

當速度 8 的跑者往後比較時，發現後面的跑者（下圖 #1）位置已經確定了，所以不用再繼續往下比較，因此就停下來了，這樣一來我們就確認了第二位跑者的位置了。

目前的情況如下圖。

2-1-5　Bubble Sort 演算法：第三輪排序

我們一樣選擇最開頭的跑者作為往後跑的跑者，在這裡就是速度 2（下圖 #1）的這位跑者。

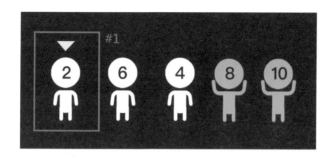

往後比較發現下一個跑者（下圖 #1）速度比較快，就直接交棒給下一位跑者（下圖 #1），讓他成為往後跑的跑者，這裡指的是速度 6 的這位跑者。然後速度 2 的跑者就留在原地。

速度 6 的跑者接下來就往後跑，和下一位跑者進行比較，發現比下一位跑者（下圖 #1）速度還快，因此就將兩位跑者的順序交換。

交換後的順序如下圖。

　　交換完成之後，發現速度 6 跑者（下圖 #1）、後面的速度 8（下圖 #2）、以及
速度 10（下圖 #3）的跑者位置已經確定了，因此我們也就確定速度 6 跑者（下圖
#1）的位置了。

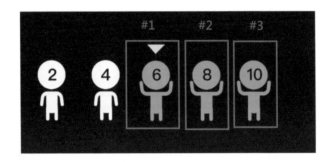

2-1-6　Bubble Sort 演算法：第四輪排序

　　我們再次挑選最開始的跑者開始往後跑。在這裡就是速度 2（下圖 #1）這位跑者。

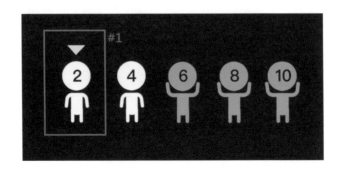

速度 2 跑者（下圖 #1）往後跑之後，發現下一個跑者（下圖 #2）的速度比他快，因此就交棒給速度 4 的跑者（下圖 #2）往後跑。

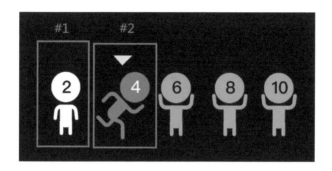

結果速度 4 的跑者開跑後，發現後面的跑者都已經確定位置了，因此就確認了他所在的位置，目前情況如下圖。

2-1-7　Bubble Sort 演算法：第五輪排序

我們再次挑選最開頭的跑者開始跑，在這裡就是速度 2 的這位跑者（下圖 #1）。

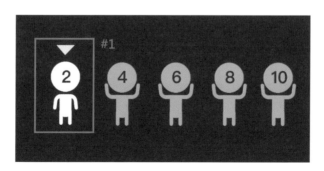

開跑之後發現自己已經是在唯一剩下的位置了，因此確認了自己所在位置就是最終位置，這樣就完成了我們 Bubble Sort 的排序了。

2-1-8　小結

Bubble Sort 就是在每一輪排序都從開頭的位置挑選一個暫時的跑者往後跑，在過程中不斷和下一個跑者進行比較，如果下一個更快的話，就用接棒的概念讓下一個速度比較快的跑者往後跑，每一輪透過這樣的方式就能夠在剩餘的跑者中，選出最快的那一個排在最右邊，最後就能完成一個完整的排序。

2-2　插入排序（Insertion Sort）

2-2-1　前言

我們現在來介紹 Insertion Sort 這個排序法。在我們這邊有五位跑者，上面的數字代表著他們跑步的速度。讓我們來看看 Insertion Sort，是如何幫助我們按照速度由快到慢進行排序的。

2-2-2　Insertion Sort 演算法：第一輪排序

　　首先，每一次排序我們都會挑一個開頭的跑者，比如說速度 8 這位跑者（下圖 #1）。

　　這次不是往右邊跑而是往左邊跑，然後當速度 8 的跑者開始往左邊跑後發現，自己已經在最後一個位置了。所以，當下就馬上停下來。然後我們使用一條黃色虛線（下圖 #1）來表示這位跑者已經完成大致排序。

　　這個表示方法非常有其特殊意義，它代表這個跑者的位置有「很高的機率已經排列好」了，但又不是絕對已經排好。我們接下來繼續往下看，大家將能夠更理解這句話代表什麼意思。

2-2-3　Insertion Sort 演算法：第二輪排序

這一輪我們挑選的跑者是速度 2 的這位跑者（下圖 #2），一樣讓他往回跑，讓他和我們前一個跑者（下圖 #1）進行比較。我們發現 2 比 8 慢，我們就直接讓速度 2 的跑者停下來，並且直接終止我們這次的比較。

為什麼我們不用把接力棒給速度 8 的跑者接力跑下去呢？因為速度 8 的跑者已在我們定義的「大致上排序好的地方」，因此只要我們遇到「第一個比我們當下跑者還快」的人，我們就可以馬上停止，透過這樣的方式來省去後面的比較時間，我們繼續往下看，這個概念會越來越清楚。

到目前為止，我們已經確立了前兩位跑者的大致順位，因此我們也可以將黃線延伸到跑者 2 的位置（下圖 #1）。

2-2-4　Insertion Sort 演算法：第三輪排序

　　在第三輪，我們要挑選的跑者是速度為 6 的這位跑者（下圖 #1）開始。我們也讓他開始往回跑且進行往前的比較。當和前一位跑者（下圖 #2）進行比較時，我們發現速度 6 跑者的速度較快，因此便讓他們兩者進行交換。

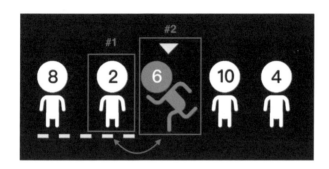

　　交換完成之後，我們繼續和前一個跑者（下圖 #1）進行比較，發現前一位跑者的速度還是比較快。

因此我們直接讓速度 6 的跑者停下來，這是因前一位跑者已經在大致排序好的位置中（黃線的範圍），無需繼續後面的比較，這也有助於提升效能。至此，前三位跑者的順序已基本確立。目前的情況如下圖，可以看到黃線的範圍已經包含前三位跑者（下圖 #1）。

2-2-5　Insertion Sort 演算法：第四輪排序

這一輪我們挑選的跑者是速度 10 的跑者（下圖 #2），一樣讓他往回跑，和前面的跑者（下圖 #1）進行比較，發現 10 比 2 大，因此將速度 10 的跑者（下圖 #2）和前一位跑者（下圖 #1）進行交換。

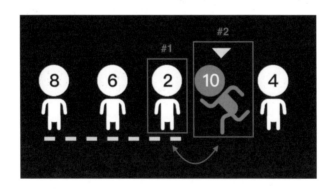

交換完成之後，排序的情況如下圖。

接下來繼續和前一位跑者（下圖 #1）比速度，發現速度比前一位跑者（下圖 #1）快，因此再次將速度 10 的跑者（下圖 #2）和前一位跑者（下圖 #1）交換位置。

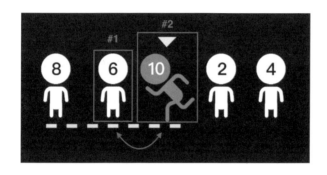

交換完成後的結果如下圖。

速度 10 的跑者（下圖 #2）繼續和前一個跑者（下圖 #1）比速度，發現還是速度 10 的跑者（下圖 #2）比較快，因此就再和前一位跑者（下圖 #1）交換位置。

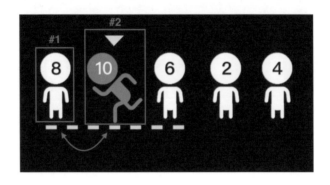

交換完結果如下圖。

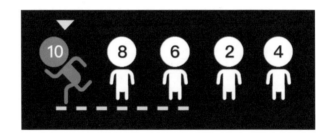

這時我們發現速度 10 的跑者（下圖 #1）已經跑到了最後一個位置，因此就將他停了下來，現在，我們已經確立了前四位跑者大概的順位了，因此可以將黃線延伸到前四位跑者的範圍（下圖 #2）。

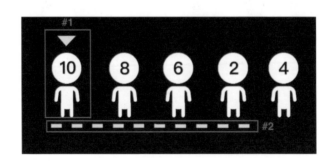

2-2-6　Insertion Sort 演算法：第五輪排序

接下來我們讓速度 4 的跑者開始往前跑，和前一位跑者比較速度，發現比前一位跑者速度快，所以將這兩位跑者進行位置交換，如下圖。

交換後排序如下圖。

這時我們發現速度 4 的跑者（下圖 #2）比前一位跑者（下圖 #1）的速度還慢，而且前一位跑者（下圖 #1）在黃線的範圍，因此我們直接將速度 4 的跑者（下圖 #2）停在目前的位置。

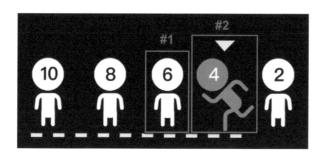

到這邊，排序結果如下圖。我們可以利用目前的情況來深入了解「之前的位置已經大致上排好了」這一點。觀察黃色虛線部分，我們可以看到一個已排序好的順序：從右邊的小數字到左邊的大數字。在排序過程中，只要發現下一位跑者速度比前者快，其實就可以立刻停止，避免後續不必要的比較。這正是 Insertion Sort 相對於 Bubble Sort 更有優勢的地方。Insertion Sort 透過之前排序好的大致排序，省略了許多不必要的後續比較。例如，當速度 4 跑者在比較過程中發現在前面的速度 6 的跑者速度已經比他快，他就不必再繼續比較，可以立刻停下。

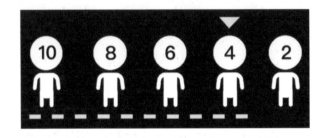

因此，當速度 4 的跑者停下後，整體跑者的順序也已確定：從左到右，順序是由大到小：10、8、6、4、2。

2-2-7　小結

總結來說，Insertion Sort 的策略利用已經大致排序部分，來減少不必要的比較，這是它優於 Bubble Sort 效能的原因。希望透過本篇的介紹，能幫助大家更深入地理解和應用 Insertion Sort。

2-3　選擇排序（Selection Sort）

2-3-1　前言

現在要來介紹的是 Selection Sort 這個排序演算法。這邊一樣有五位跑者（如下圖），上面的數字代表他們的跑步速度。我們就來看 Selection Sort 怎麼幫我們排序出由大到小的跑者順序。

2-3-2　Selection Sort 演算法：第一輪排序

首先在每一輪之中，都會挑選當下所有跑者中最快的那一個。所以，我們會先遍歷一遍所有的跑者來找到速度最快的跑者，在這一輪我們找到最快的跑者是速度 10 的跑者（下圖 #2）。接下來，我們就會把速度 10 的跑者（下圖 #2）和隊伍的第一位跑者（下圖 #1）進行交換。

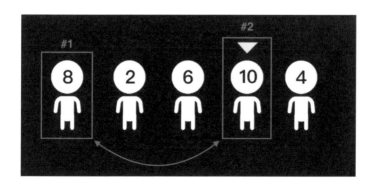

交換完成之後，速度 10 的跑者的位置也就定下來了，如下圖。

2-3-3　Selection Sort 演算法：第二輪排序

接著，我們開始第二輪排序，這次會從剩下跑者之中挑出速度最快的那一個，這次找到的是速度 8 的跑者（下圖 #2）。於是，就把速度 8 的跑者（下圖 #2）和隊伍最前面的跑者（下圖 #1）交換位置，而最前面跑者是速度 2 的跑者（下圖 #1）。

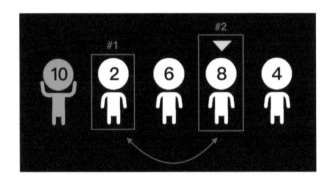

交換完成之後，我們第二位跑者的順位也就確立了，如下圖。

2-3-4　Selection Sort 演算法：第三輪排序

我們進行第三輪，再次從我們剩下的跑者之中挑出最快的那一個，這次是速度 6 的跑者（下圖 #1）。而這次非常剛好，速度 6 的跑者就已經是當下陣列中最開頭的跑者，所以只需要自己交換。

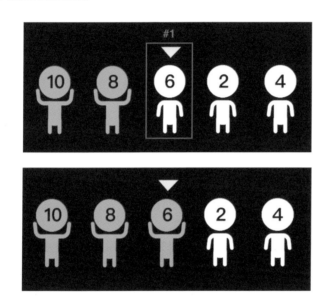

2-3-5　Selection Sort 演算法：第四輪排序

繼續下一輪排序，這次再從剩下的跑者之中挑出最快的那一個，也就是速度 4 的跑者（下圖 #2）。我們把速度 4 的跑者（下圖 #2）和隊伍的開頭跑者交換，這次是速度 2 的跑者（下圖 #1）。

交換完成之後，速度 4 的跑者順位也就確立了，如下圖。

2-3-6　Selection Sort 演算法：第五輪排序

接下來進行最後一輪排序，一樣從剩餘跑者中挑選最快的，現在只剩下一個跑者，就是速度 2 的跑者（下圖 #1），然後將這位跑者和開頭的跑者進行交換。而我們馬上發現，速度 2 的跑者本身就已經在最後一個位置，所以直接當下確立他的位置。

完成了最後一輪的排序之後，我們可以看到整個排序已經由大到小排出來了。

2-3-7　小結

　　Selection Sort 這個排序演算法，就是每輪排序時不斷從未排序部分找出最小（或最大）的元素，然後將它和最前面尚未排序的元素互換位置。

　　這次示範是將陣列由大到小排序，如果想要由小到大排序的話，也很簡單。只要把每一輪挑選的條件改找速度最小的，並和尚未排序的元素進行交換，就會變成由小到大排序了。

MEMO

3

掌櫃的，
來一碗資料結構！

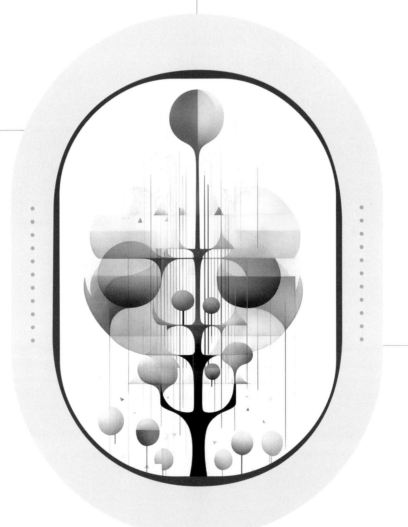

3-1 Stack（LIFO）：吃洋芋片也能學資料結構！？Σ(ﾟдﾟ)

3-1-1 前言

我們這一章要來正式介紹什麼是 Stack。Stack 最重要的核心概念就是：Last In First Out（LIFO），也就是所謂的「後進先出」。用更白話文來講，就是從最上面的開始拿就對了。

3-1-2 情境：生活中的洋芋片

舉一個生活中的例子，就是我們吃洋芋片的時候，都會從最上面那一片開始拿出來吃，如下圖。

同理，當我們拿太多的時候，要放回去一樣會是從最上面一個一個疊回去，如下圖。而這整個過程就符合 stack 這個資料結構的後進先出概念。

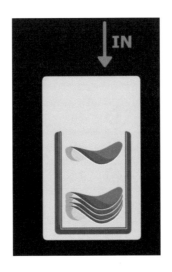

3-1-3　Stack 的實現：陣列（Array）

　　接著，我們來看一個以陣列方式表現的 stack。這邊共有六個元素，index 分別從底層的 0 到上面的 5，如下圖。

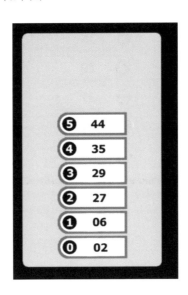

假設要從這個以陣列表示的 stack 之中「取出來」東西，得從最上面開始拿，所以我們會先把 index 為 5 的元素（下圖 #1）拿出來。

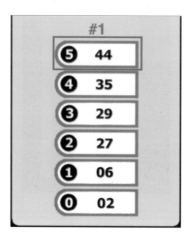

再來把 index 為 4 的元素（下圖 #1）拿出來，以此類推。

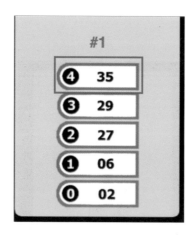

現在的 stack 如下圖，剩下 index 0 到 3 的元素。

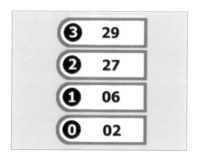

當我們要把東西再「加進去」的時候，一樣是一個一個疊在最上面，例如先把數字 35 疊回陣列中，它會變成 index 4 的元素（下圖 #1）。

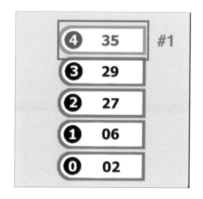

再將數字 44 疊回陣列中，它會變成 index 5 的元素（下圖 #1）。到這邊，基本上已經抓到了 stack 的核心概念。再來要看看，Stack 這個資料結構常被用於哪些經典情境。

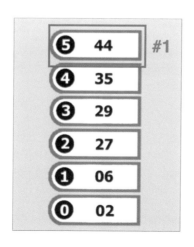

3-1-4　Stack 常見運用場景 I：河內塔

接著來看河內塔這個經典例子，在河內塔的規則中，要求將左邊這個柱子（下圖 #1）的圓盤，全部移到第三根柱子（下圖 #2）上，而且過程之中，不能有大盤子疊在小盤子的上面情況發生。在這個移動的過程之中，每次移動都只能取「全部盤子上面的最上面」這個來做移動，而這個也就是 stack 的一個運用。

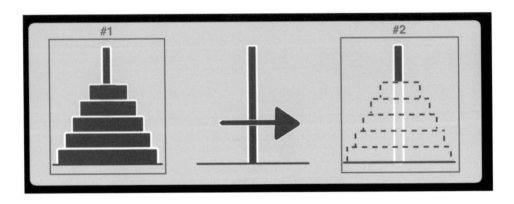

之後，在河內塔的實作之中，就會利用 stack 這個資料結構來幫我們實作出來。

3-1-5　Stack 常見運用場景 II：簡易遞迴

在撰寫程式碼時，如果我們不斷呼叫方法本身，使用遞迴觀念的時候，我們的電腦底層其實也用到了 stack 這個觀念。

假設我們看到一個程式碼，方法名稱 f，有一個 input n，每一次都 n-1 之後再呼叫自己一次（下圖 #2），什麼時候停呢？到 n 等於 0 的時候停（下圖 #1）。

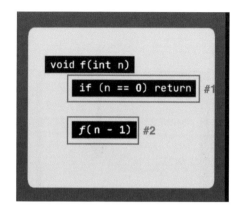

這樣的呼叫過程，如果以 stack 的方式來表達，會長什麼樣子呢？這裡我們使用圖片來說明。首先我們用 n 等於 5 的狀況來看，第一輪執行時把 f(5) 這個方法呼叫（下圖 #1）放進去要呼叫方法的 stack 之中。

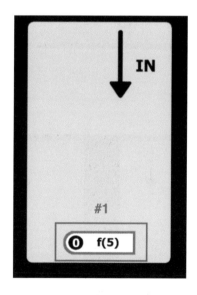

f(5) 放進去 stack 之後，它會在過程中呼叫自己，並且把 5 減 1 等於 4，接下來把 f(4) 的方法呼叫（下圖 #1）再放進 stack 之中。

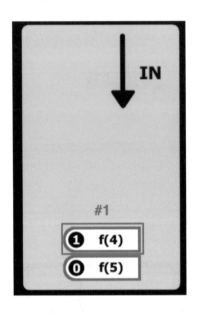

相同的道理 f(3)、f(2)、f(1)，最後是 f(0)，這 4 個方法呼叫也都會先堆疊到 stack 裡面（如下圖）。

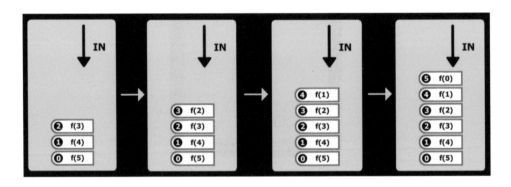

而執行到 f(0) 的時候就會開始進入到方法呼叫 return 的地方（下圖 #1），而在這個時候，所有方法呼叫都沒有結束，全部都疊在 stack 之中，等著被進行。而這就是 stack 在新增的時候不斷往上疊的概念。

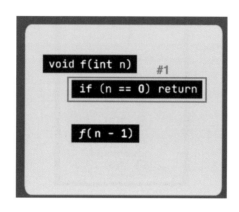

　接下來，我們要一一地把堆在 stack 的這些方法取出並且執行。在取出的過程中，一樣從最上面開始拿，首先 f(0) 完成後，stack 狀態如下圖，接下來執行 f(1)。

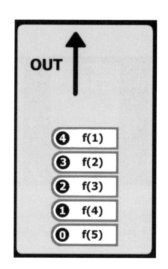

f(1) 完成後，stack 如下圖，接下來執行 f(2)。

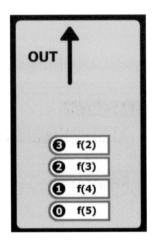

以此類推，f(2) 完成後，接下來執行 f(3)，f(3) 完成後，接下來執行 f(4)，f(4) 完成後，接下來執行 f(5)，如此一來，就將 stack 中的方法呼叫全部執行完畢了，執行順序如下圖。最後整個陣列就空了，以上的執行結果，就是針對遞迴觀念的說明與示範。

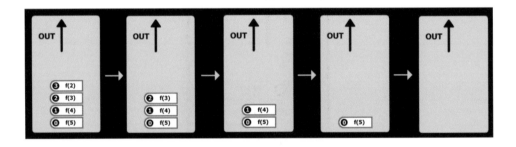

3-1-6　Stack 常見運用場景 III：進階遞迴

熟悉這個基本觀念之後，我們來做一個小小的變化。我們將程式碼多加兩個區塊，在方法呼叫自己之前，會先 print 橘色 的這一塊（下圖 #1），在呼叫完自己之後，再 print 藍色 這一塊（下圖 #2）。那麼這個改造後的方法的執行順序會怎麼跑呢？

```
void f(int n)
    if (n == 0) return
    print #1
    f(n - 1)
    print #2
```

這次一樣以 n 等於 5 的狀況示範。首先呼叫 f(5) 方法（下圖 #1），接下來會印出 f(5) 之中的 print 橘色（下圖 #2）。

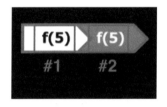

目前呼叫方法的 stack 如下圖。

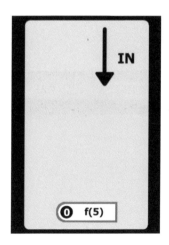

接著會呼叫 f(4) 方法（下圖 #1），然後把 f(4) 的 橘色 印出來（下圖 #2）。

目前呼叫方法的 stack 如下圖。

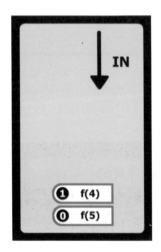

以此類推，接著呼叫 f(3)，然後印出 f(3) 橘色 ，再呼叫 f(2)，接著印出 f(2) 橘色 ，往下呼叫 f(1)，然後印出 f(1) 橘色 ，最後往下到 f(0)。執行順序如下圖，由左到右執行。

而目前的 stack 則包含 f(5) 到 f(0)，如下圖。

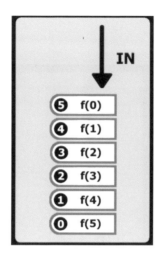

到這裡我們先再複習一下程式，因為 f(0) 會直接遇到 n 等於 0 的狀況，讓程式直接 return（下圖 #1），不會印出任何東西。這裡可以看到，在遞迴的實作之中，會一路把全部的 f(n-1) 上面的 print 橘色（下圖 #2）全部執行完之後，才有可能執行到 print 藍色（下圖 #4）的部分。其實遞迴和 DFS 的概念有非常大的相似度，其執行方式很像一路衝到底的感覺，不斷地呼叫自己，直到程式執行到下一層 f(n-1) 的 return 之後（下圖 #3），才能往下繼續執行之後的東西，也就是這邊的 print 藍色（下圖 #4）。

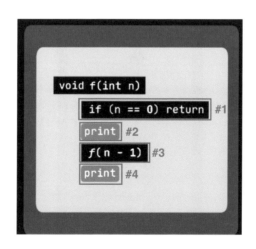

繼續帶大家跑我們的程式，現在執行到 f(0) 的 return 之後，接下來程式又會怎麼執行呢？接下來因為 f(0) 執行時會遇到 n 等於 0 的狀況，讓程式直接 return 就執行完畢了，因此把它從 stack 中取出，現在的 stack 如下圖。

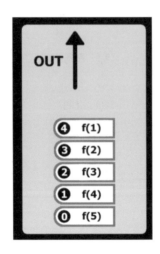

回到 f(1)（下圖 #2）之後，我們會把 f(1) 藍色 的部分印出來（下圖 #1），如下圖。

再來就把 f(1) 從 stack 中取出，現在的 stack 如下圖。

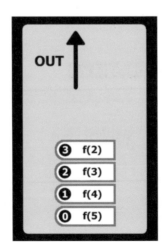

之後以此類推，現在回到 f(2)，再把 f(2) 藍色 部分印出來，跑完 f(2) 方法之後，將 f(2) 從 stack 中取出，回到 f(3)，印出 f(3) 藍色 ，從 stack 取出 f(3)，然後回到 f(4)，印出 f(4) 藍色 ，從 stack 取出 f(4)，最後回到 f(5)，印出 f(5) 藍色 ，將 f(5) 從 stack 中取出，最後完成整個方法遞迴的運行，整個過程由右到左執行。

整體的 stack 的程式執行順序與取出 stack 的順序如下圖，我們將從 #1 開始，再來 #2、#3、#4、#5，一路從上而下的取出。

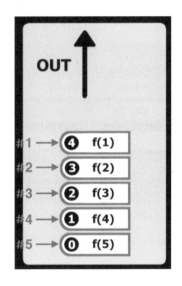

整個結果印出的順序如下圖，由 f(5) 開頭，一路印出 print 橘色 ，一直到走到 f(0)；直後回頭，從 f(1)，一路 print 藍色 ，一直走到 f(5)。

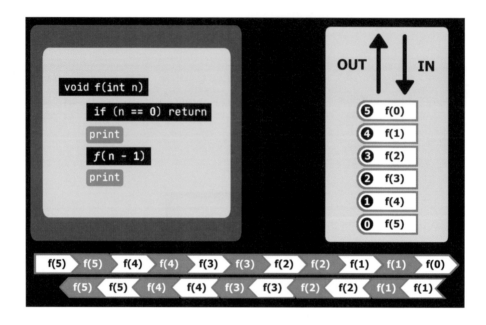

3-1-7　小結

　　以上是針對 stack 的介紹。我們透過洋芋片的例子、陣列的實作、程式碼的遞迴、河內塔的運作方式…等，看到 stack 不只在生活上有運用到，在電腦程式上也是有運用到 stack 的原理。stack 是一個基礎但非常重要的資料結構。

3-2　Queue（FIFO）：排隊買票看電影

3-2-1　前言

　　現在我們來介紹 Queue 資料結構。Queue 最重要的核心概念就是 first in first out（FIFO），也就是先進先出。接下來會利用幾個例子來說明這個概念。

3-2-2　情境：排隊看電影

生活中的例子就是排隊。

假設要排隊看電影，我們會根據每個人排的順序，一個一個往後排，如下圖這樣由左到右開始，從最左邊的人的位置（下圖 #1）往後排隊。

而進場的時候呢，一樣是照同樣的順序，先進來排隊的人（下圖 #1）會最先進場，接著就是排第二個的人（下圖 #2），以此類推依照排隊順序進場。

而這樣的排隊進場順序，也就是我們 Queue 的核心概念，先進先出。

3-2-3　Queue 的實現 I：陣列（Array）

接著用陣列的方式，來說明 Queue 這個資料結構。假設現在有十個陣列儲存空間，分別為 index 0 到 9，如下圖。

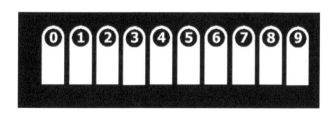

我們現在要把資料塞進去，一樣會從開頭開始塞，比如把 02 放進去，它就會位在 index 0 的位置（下圖 #1），再把 06 放進去，它就往後排，被放到 index 1 的位置（下圖 #2）。

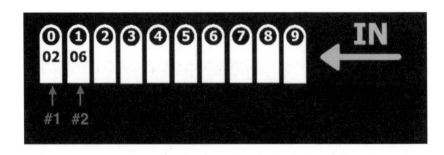

以此類推，一直塞數字直到將數字填到 index 7 的位置，現在的陣列如下圖。

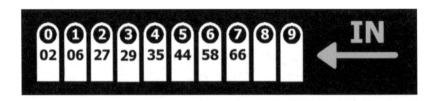

而當要把資料給送出去的時候，先進來的元素會被先送出去。因此最前面的 02 會先消失，送走 02 後的陣列如下圖。

接下來要送走的就是排在 02 後面的 06，送走 06 後的陣列如下圖。

再來換送走 27（下圖 #1），然後接著送走 29（下圖 #2），以此類推。

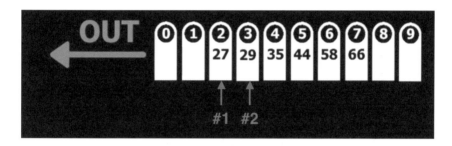

以上就是用陣列來表示 Queue 的方式。

但如果我們只用這個單純的陣列的方式來表示，會有一個問題。假如繼續往陣列加入數字 76（下圖 #1），之後再加上數字 78（下圖 #2），加入這兩個數字之後，現在的陣列如下圖。

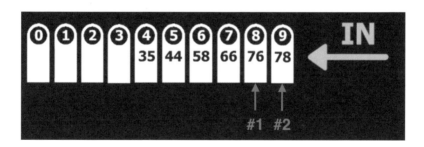

如果要再把另外一個數字再加進去，會發生超界的情況，就無法再把數字繼續加入到陣列裡面了。為了解決這個問題，接下來會介紹新的陣列實作方式，叫做環形陣列。

3-2-4 Queue 的實現 II：環形陣列（Circular Queue）

為了解決陣列的元素加到滿之後，再加入元素會發生超界的問題，這次實作陣列的時候會把它看成一個環形陣列，讓它可以繞一圈，如下圖。

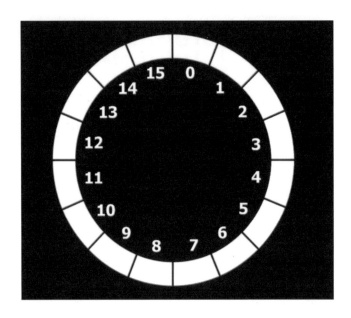

現在，如果要新增一個數字 02（下圖 #1），我們的 Queue 開頭會在 index 0 的位置，以橘色標示的地方（下圖 #2），而 Queue 結尾呢，目前也會在同一個 index 的位置，這邊用藍色來表示（下圖 #3）。

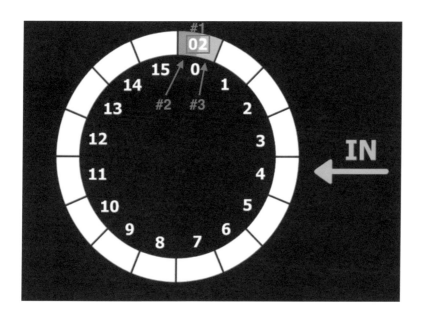

若我們往後再加上一個 06 的數字（下圖 #1），Queue 的結尾就會往後一格，以藍色標記在 index 1 的位置，現在環形陣列如下圖。

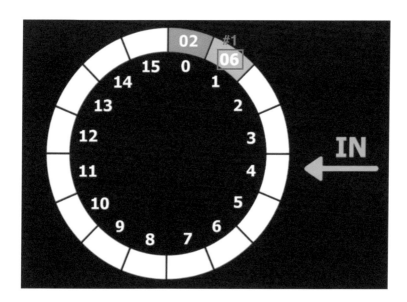

接著再繼續加上一個數字 27（下圖 #1），我們 Queue 的結尾就再往後一格，藍色標記跑到 index 2 的位置，現在環形陣列如下圖。

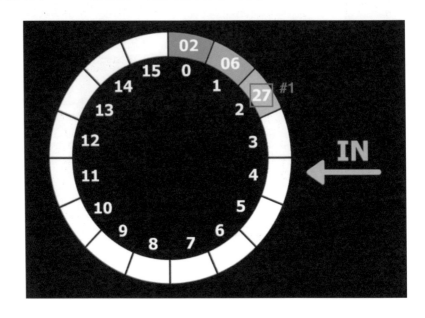

以此類推，繼續往後一直加數字直到 index 7 的位置（下圖 #1），最後的 Queue 會長這個樣子，藍色標記也到 index 7 的位置，如下圖。

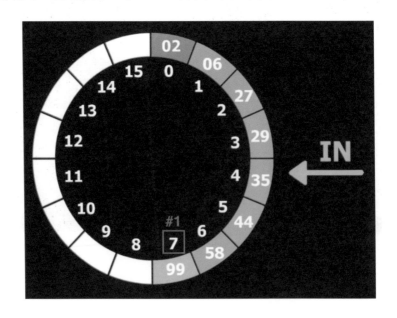

接下來就開始從 Queue 中取出東西。首先，第一個會被取出的就是 index 0 位置的數字，也就是 02（下圖 #1），因為它是我們的開頭。

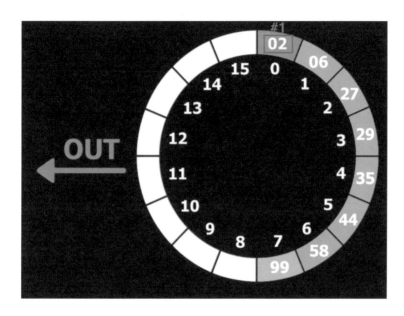

取出之後，讓開頭往後移動一格，將橘色標示移到 index 1 的位置（下圖 #1），現在的陣列如下圖。

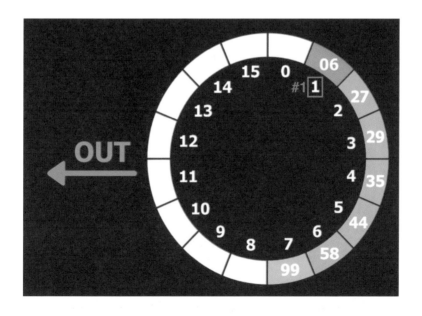

取出位在開頭的數字 06 之後，Queue 的開頭也就再往後一格，橘色標示到達 index 2 的位置（下圖 #1），現在陣列如下圖。

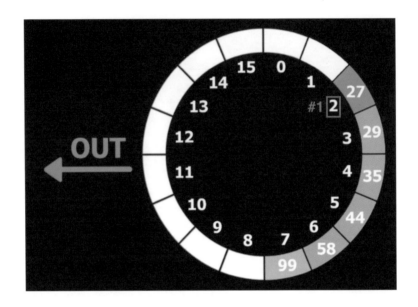

以此類推，可以看到每取出一個數字，Queue 的開頭就會往後退一格。接著我們來模擬一個情境，假設 Queue 結尾的數字已經加到 index 15 的位置（下圖 #1），結尾藍色標記到了 index 15 的位置，如下圖。

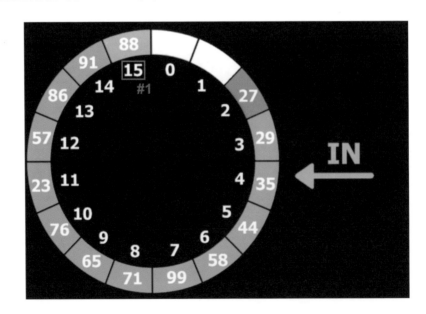

如果現在往 Queue 裡面加上一個數字 100（下圖 #1），Queue 結尾的橘色標示位置就會從 index 15，直接轉換成陣列開頭的 index 0，然後把數字加上去，如下圖。

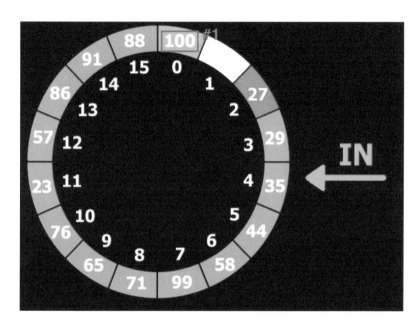

　　我們可以看到透過這種陣列的實作方式，即可很有效率的利用環狀陣列的特性，繼續新增數字，直到整個陣列滿了為止。

3-2-5　小結

　　以上是 Queue 這個概念的介紹，之後會講解 Queue 的實作。

3-3　Priority Queue：排隊上廁所，憋不住啦！ ⓆᴬⓆ

3-3-1　前言

本節會介紹 Priority Queue 的概念，但不會去細部的解釋它的底層實作，主要是要去了解 Priority Queue，可以幫我們做到什麼以及它的主要概念。

3-3-2　情境：實驗室燒瓶的最大值

Priority Queue 最重要的是可以幫我們拿出 Queue 中的最大值或是最小值。這邊以取出最大值作為範例，在這裡我們將一個 Priority Queue 視為是實驗室的燒瓶瓶子，我們從一個地方把資料給餵進去（下圖那個藍色的 IN 箭頭指向的地方），如下圖。

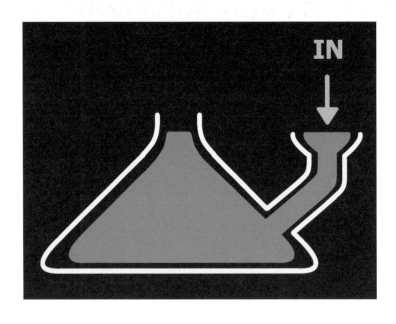

從零搞懂演算法：12種演算法＋6種資料結構，超圖解入門

現在把 12 這個數字（下圖 #1），放到這個實驗瓶中，現在的燒瓶如下圖。

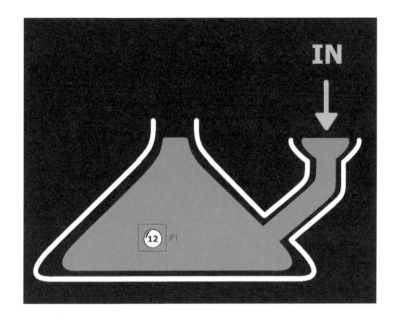

接著，再把其他多個數字放到實驗瓶裡面，現在的實驗瓶如下圖。

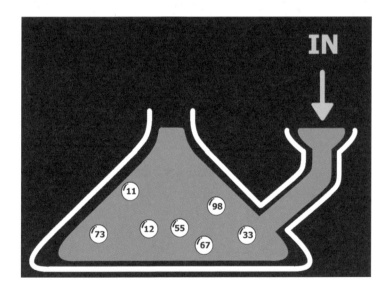

Priority Queue 內部會有一個內建排列邏輯，來將每個放入的數字做整理。目的是要把目前數字堆中的最大值擺到最上面，而 98 這個數字是目前燒瓶中數字的最大值（下圖 #1），因此把它移到上面去，讓它變成「待會會被取出的第一個數字」，現在的燒瓶狀態如下圖。

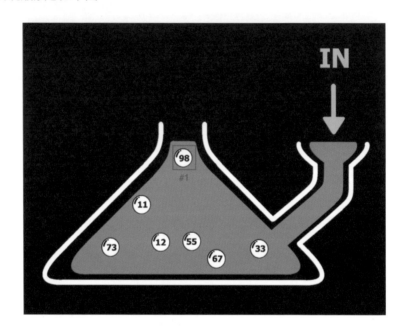

在這裡有一個很重要的觀念是，Priority Queue 內部的這個排列並不會是一個完整的排序。它只是一個為了把最大值給擠上去所需要的一個部分排序而已。也因為不需要做一個完整的排序，所以進行排序的時間會相對地少一點，讓 Priority Queue 可以更快速地找出最大值，並且把它放到燒瓶的出口處。

接下來我們開始從 Priority Queue 中取值，第一個要取出的值當然就是被放到出口的數字 98（下圖 #1）。

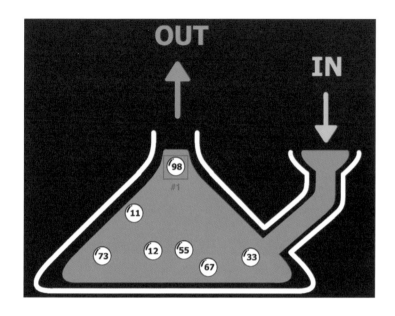

　　將 98 拿出去之後，Priority Queue 會再從現在 Queue 裡面的數字，找出目前的
最大值，也就是 73 這個數字（下圖 #1），然後把這個 73 數字擺到燒瓶的出口，
等待下次取出。

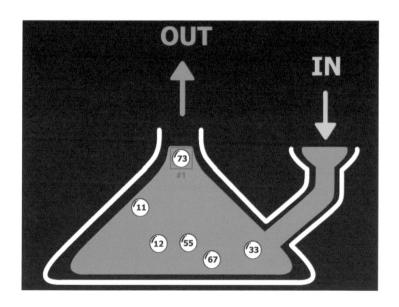

將數字 73 取出去之後，Priority Queue 又會繼續在現存的數字裡面找出一個最大值把它浮上來，放到燒瓶出口中，也就是數字 67（下圖 #1），因此將 67 擺到燒瓶出口，等待下次取出，也就又完成一次取出的操作。

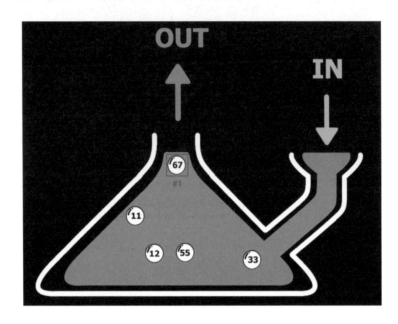

3-3-3　小結

Priority Queue 在內部進行的排序，並不是進行一個完整的排序。它只是幫我們找出目前資料之中的最大值或者是最小值。而它的效能之所以會好，是因為內部的排序並不用做到完整的排序，就能更快速的找出當下最大值 / 最小值，然後放到燒瓶的出口。以上是 Priority Queue 的觀念介紹。

扎根腳步：
五大演算法策略

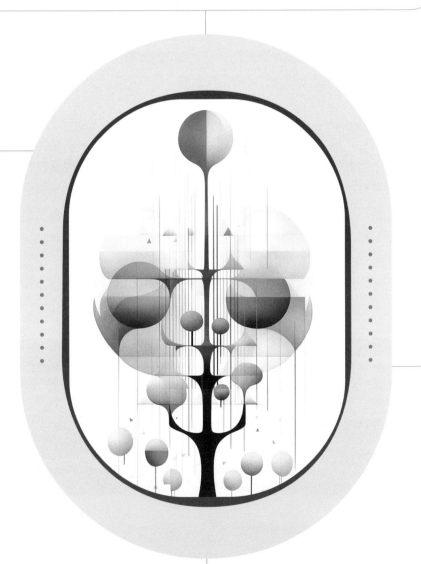

4-1 貪婪法（Greedy）：自信心爆棚，找零錢

4-1-1 前言

本節會介紹 Greedy 貪婪法這個演算法策略。Greedy 貪婪法的主要宗旨，是奢望去找出一個最佳解。為什麼說奢望呢？因為貪婪法的策略是去挑出「當下看起來最好的」解法先用。什麼叫做看起來最好呢？指的就是，去拿當下「有限可用解」中所能選擇的最好的解。挑當下最好的，不一定真的會讓最後的結果成為最好的。所以貪婪法如同它的名稱，就是一個奢望找出最佳解的策略。

4-1-2 貪婪法的意外狀況

接著用一個範例，來說明 Greedy 貪婪法這個演算法策略。假設我們現在是飲料店店員，需要找客人零錢，而目前可以用來找錢的零錢是 1$、10$ 和 15$（下圖 #1）。我們現在的目標是盡量找出硬幣總數最小的找錢方案。假設現在要找客人 61$（下圖 #2），以貪婪法策略來說，就是直接去拿當下價值最大的硬幣找給客人，也就是「挑當下『看起來最好』的先用」這個原則。過程如下，因為目前要找的錢是 61$，先確認能不能使用一個 15$ 找錢？發現可以，就會先拿出一個 15$ 找給客人（下圖 #3）。

接下來還需要再找 46$（61 - 15 = 46）。再次確認目前是否可以再找一個 15$，發現可以，就會再拿出一個 15$ 找給客人（下圖 #1）。

以此類推，最後總共找了 4 個 15$ 的硬幣（下圖 #1），到目前已經組出 60$ 了。

最後還剩 1$（61 - 15 - 15 - 15 - 15 = 1）需要找給客人，先檢查目前能不能再拿一個 15$ 硬幣找給客人，發現不能（因為 15 > 1）；下一步再檢查能不能找給客人 10$ 硬幣，發現不能（因為 10 > 1）；最後檢查能不能找給客人 1$ 硬幣，發現可以，因此我們再補上一個 1$（下圖 #1），就達到找 61$ 的目的了。我們總共找給客人 5 個硬幣，看起來這個解是最佳解。因此在這個狀況下，貪婪法的策略很幸運是成功的。

接下來看到另外一個狀況，假設現在有第二個客人，要找的錢是 51$（下圖 #1）。如果沿用同樣的貪婪法策略，也就是先從價值最大的硬幣開始找錢的策略，那麼這次一樣先找一個 15$ 的硬幣（下圖 #2）。

還剩下 36$（51 - 15 = 36）要找，因此再找一個 15$ 的硬幣（下圖 #1）。

還剩下 21$（51 - 15 - 15 = 21）要找，因此再找一個 15$ 的硬幣（下圖 #1）。

到目前為止已經找了 45$，剩下的還有 6$（51 - 15 - 15 - 15 = 6）要怎麼找呢？因為 10$ 太大了，所以最後只好湊出 6 個 1$（下圖 #1），最後找出去的總零錢數是 9 個。這是我們用貪婪法策略所做的結果，但這個結果其實不是最佳解（下圖 #2 使用一個粉紅色的裂痕，來代表該情境使用 Greedy 策略找到的解不是最佳解）。

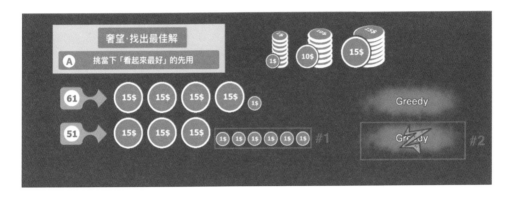

接下來看第二種找 51$ 的方式，這次我們先找兩個 15$（下圖 #1），所以目前總共找了 30$。

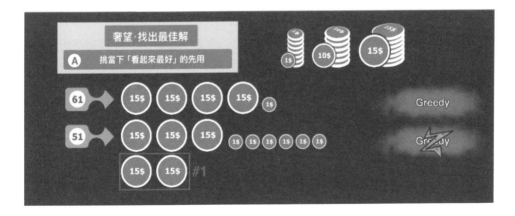

還有 21$（51 - 15 - 15 = 21）要找。但是接下來我們不使用 15$ 硬幣找錢，改使用兩個 10$ 硬幣找錢（下圖 #1）。

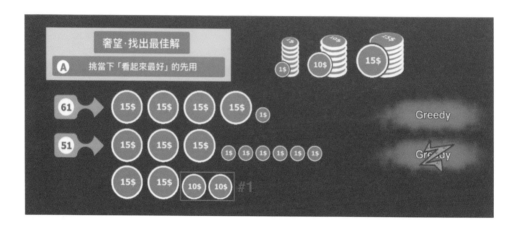

到目前為止我們找出了兩個 15$ 以及兩個 10$ 硬幣，已經湊出了 50$（51 - 15 - 15 - 10 - 10 = 1）。剩下只需要再補一個 1$ 硬幣就可以了（下圖 #1），可以看到這次找出的硬幣總數只有 5 個，比第一個貪婪法方式找出 9 個硬幣數的解還要好（下圖 #2）。

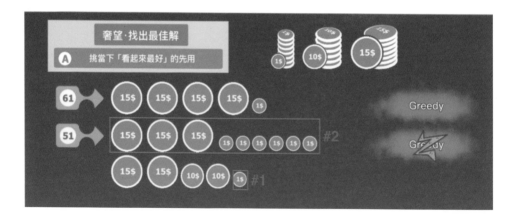

所以在找 51$ 這個情境之下，利用貪婪法沒有找到最佳解，而這個就是貪婪法的一個重點。在多數的情境之中，使用貪婪法並不能保證找出最佳解。我們只能「奢望」，在幸運的狀況下，它真的可以幫我們找到最佳解。那什麼時候貪婪法真的可以幫我們找出最佳解呢？

4-1-3 貪婪法的成功條件

接著來看看如何利用貪婪法找出最佳解的狀況。首先我們需要在「挑當下『看起來最好』的先用」這個策略之上，再加入一個成功條件。什麼條件呢？就是「當下看起來最好」的策略要等於「整體最好」（下圖 #1）。什麼意思？我們用硬幣的例子來說明。這次將可以找的硬幣改變成 1$、5$ 以及 15$（下圖 #2）。

在這個狀況下，「當下看起來最好」的策略就會是最後整體最好的策略。以這個找零錢情境為例，要滿足的條件就是「大的硬幣價值要是小的硬幣價值的某個整數倍」。比如說 15$ 的價值是 5$ 的 3 倍，5$ 的價值是 1$ 的 5 倍（下圖 #2）。在這樣的情況下，最好的找錢策略就是整體最好的策略，也就是可以找最少硬幣總數的最好策略。不同於上一個例子的地方在於，在上一個情境中，15$ 並不是 10$ 的整數倍數（下圖 #1）。這樣就會造成我們當下的最好，不一定是整體最好。

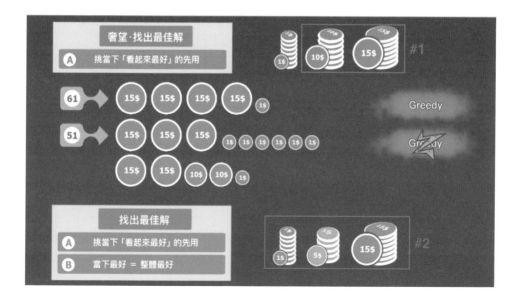

接著，就在「價值大的硬幣是價值小的整數倍數」的這個條件下，來實際找錢驗證看看，是否每次都能夠使用 Greedy 策略找到最佳解。

假設現在要找客人零錢 51$（下圖 #1）。我們用同樣的貪婪法策略，越大的硬幣能先找就先找出去。所以我們先找出 3 個 15$（下圖 #2），目前找了 45$ 出去。

再來剩下 6$（51 - 15 - 15 - 15 = 6）要找，所以就找 1 個 5$（下圖 #1），以及 1 個 1$（下圖 #2）。最後找出的零錢硬幣數為 5 個（3 個 15$、1 個 5$ 以及 1 個 1$），而這個貪婪法策略最後產生出來的解，的確是我們的最佳解。

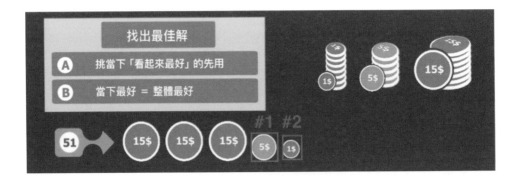

在探討為什麼之前，先來看第二種找這 51$ 的方式，假設我們先找了 2 個 15$（下圖 #2）之後，就直接改用 5$ 來找錢。所以必須用「4 個 5$」來補上這個原本的「1 個 15$ + 1 個 5$」（下圖 #3），最後再把「1 個 1$」補上去（下圖 #4）。那最後找零錢的硬幣總數就會上升到 7 個。就比第一個情境的 5 個（下圖 #1）還要多，所以不會是最佳解，因為所選擇的解有許多不是「當下最好」的。

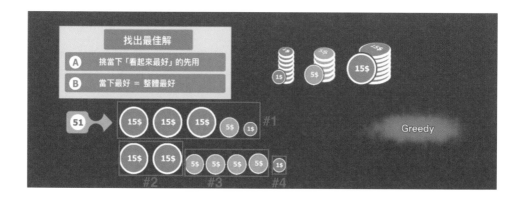

4-1-4 小結

　　所以在找零錢的情境之下，如果「硬幣價值大的數額都是硬幣價值小的數額的倍數」，那「當下最好的解」就會是「整體最好的解」。而這邊只是用硬幣作為我們的例子，在未來我們要用「貪婪法」去找最佳解的時候，都必須先確保，我們是不是已經遇到「當下的最好的解」就是「整體最好的解」的情境。只有在這個情境成立的時候，貪婪法才能真正幫我們找到最佳解，所以這是使用貪婪法必須要非常謹慎的地方。

4-2 貪婪法（Greedy）：自信心爆棚，走迷宮

4-2-1 前言

　　本節我們要使用一個走迷宮的範例，來進行 Greedy 貪婪法的實際運用。這次挑的案例將會符合「最佳解」的找尋方式。

首先，我們會挑當下成本最低的路線先走。而在這個情境下，這個貪婪法策略也會符合「當下最好」就會等於「整體最好」的條件，總結如下圖。

4-2-2 走出迷宮：找出最小路徑成本

這邊有一個迷宮，我們的目標是找到一條從左上角起點（下圖 #1），一路走到右下角終點（下圖 #2）的最小成本路線。而每個藍色框框內的數字，就代表走到那個格子所需花費的成本。比如說，如果像下圖 #3 的路線這樣，從左上角起點開始一路往下走，再往右邊走到終點，那這條路線的成本算法就是 1＋7＋1＋2＋3＋4＋2＋5＝25。那接下來我們就來看，如何透過貪婪法策略，藉由每次找到目前成本最低的格子的方法來找到最佳解。

這裡先幫格子的狀態做三個定義。藍色代表還沒探索過（下圖 #1），綠色的則代表探索過了（下圖 #2），而橘色的則代表探索過，並且已經確認這個格子當下的最低成本（下圖 #3）。

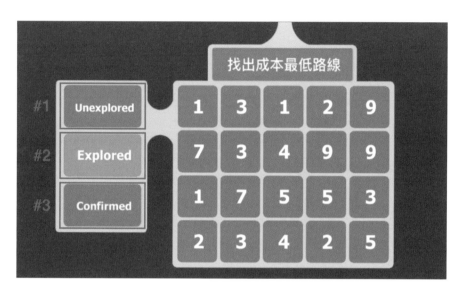

那我們就開始走迷宮了。第一個要進行探索的格子就是起點（下圖 #1），然後把它的狀態改成 Explored 代表它被探索過，所以我們將這格塗成 綠色，代表該格成為 Explored 狀態。

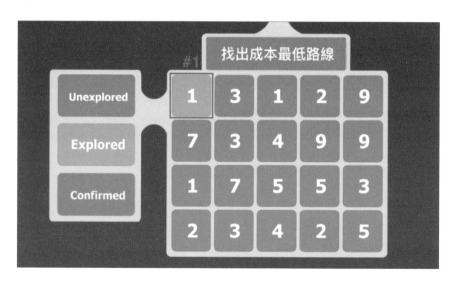

因為現在起點這個格子是我們唯一一個探索過的路線，所以它會直接被確認是當下成本最低的路線，然後變成 Confirmed 的狀態（下圖 #1），我們將這格塗成 橘色，代表該格成為 Confirmed 狀態。所謂的 Confirmed 狀態代表的意思，是我們確定了走到該格子所需的最低成本，以起點這格來說就是 1。

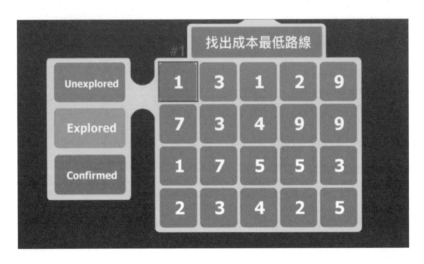

當我們確認了一個新的格子的最低成本路線之後，我們會再繼續探索這個格子相鄰的格子，以我們現在的情境來說就是相鄰起點的 3（下圖 #1）和 7（下圖 #2）這兩個格子。

所謂的「探索」就是去找到走到每一個格子的總成本，也就是「該格成本」+「當下走過格子的總成本」。所以我們這邊就是 3 加 1（下圖 #1）以及 7 加 1（下圖 #2）。我們把它們的結果都整理到左上角，對照下圖就是 #1 和 #2 這兩個位在格子左上角的 綠色三角形 內的數字。接下來，就要使用本節的重點：貪婪法。我們要在所有探索過的路線中，去挑出目前探索路線中，「成本最小」的那個走過去。這邊比較 4（下圖 #1）和 8（下圖 #2）這兩條路線的成本，發現 4（下圖 #1）是最小的成本路線，所以我們貪婪地下一步就選擇先往這條走過去。

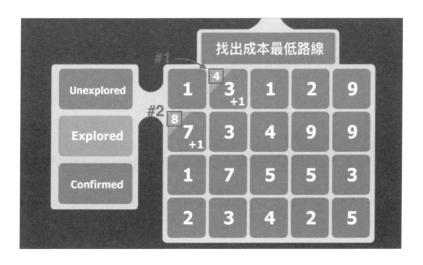

　　走過去之後，我們就確認了這條路線的最小成本是 4，所以我們就將這格塗成 橘色，代表該格成為 Confirmed 狀態（下圖 #1）。好了之後，我們再到下一輪。

確認走到這個格子的最小成本後，接下來要繼續探索走到「這個格子的上下左右相鄰的格子」的最小成本，下一個要探索的格子是成本為 1（下圖 #1）和 3（下圖 #2）這兩個格子。

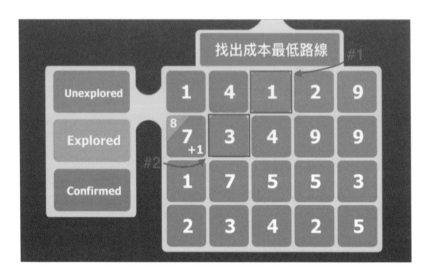

　　分別把這兩格的成本都加上 4 的當前累積成本，結果分別是 5 和 7，並把結果整理到左上角的 綠色三角形 （下圖 #1 和 #2），這個數字就是「該格成本」加上「前面路線成本」的總成本。再來，我們就會從所有探索過的路線中再進行一次貪婪法的選擇。在 5（下圖 #1）、7（下圖 #2）、8（下圖 #3）中，我們會選擇成本最低的那個路線繼續前進，在這裡就是往算出來總成本為 5 的這個格子的路線（下圖 #1）。

確立下一步往這個格子的路線是最小成本的路線後，就確認了這條路線的最小成本是 5，所以我們就將這格塗成 橘色，代表該格成為 Confirmed 狀態（下圖 #1）。好了之後，我們再到下一輪。

確認走到這個格子的最小成本後，接下來要繼續探索走到「這個格子的上下左右相鄰的格子」的最小成本，下一個要探索的格子是成本為 2（下圖 #1）和 4（下圖 #2）這兩個格子。

分別把這兩格的成本都加上 5 的當前成本，結果分別是 7 和 9，並把結果整理到左上角的 綠色三角形 （下圖 #1 和 #2），這個數字就是「該格成本」加上「前面路線成本」的總成本。再來，我們就會從所有探索過的路線中再進行一次貪婪法的選擇。在 7（下圖 #1）、9（下圖 #2）、7（下圖 #3）、8（下圖 #4）中，我們會選擇成本最低的那個路線繼續前進。在這裡就是往算出來總成本為 5 的這個格子的路線（下圖 #1）。我們發現現在有兩個相同的最低成本值（兩個 7，分別是 #1 和 #3）時，這時其實選擇哪個格子走下去都沒有差別。但這裡我們依照慣例，優先選擇先探索過的路線。所以這次選擇從總成本 4 的格子（下圖 #5），向下走到成本為 7 的格子（下圖 #3）。

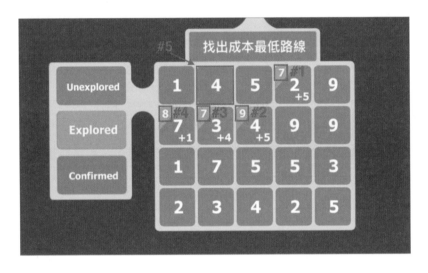

　　確認了成本為 7 的格子後，我們將這格塗成 橘色，代表該格成為 Confirmed 狀態（下圖 #1）。好了之後，我們再到下一輪。

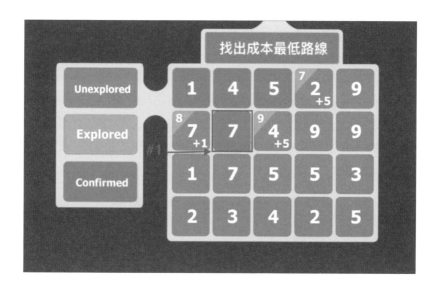

接下來繼續探索。到這個階段，我們會遇到一個有趣的現象：我們會發現成本 7 這個格子的左邊的格子（下圖 #1）和右邊的格子（下圖 #2），其實已經被探索過了。我們是否還需要繼續比較這些已探索過的路線的成本呢？答案是肯定的。因為即使這些格子之前已經被探索與計算過了，我們還是有可能透過後續的探索，找到更佳的路徑（成本更低的路徑）。所以，我們需要重新評估這些已探索過的路線，看看是否有更好的選擇。現在我們來看看這種情況下會發生什麼事情。

接下來，我們探索成本 7 周圍的格子，計算結果分別為 14（下圖 #1）、11（下圖 #2）、21（下圖 #3），特別注意，我們還沒要去更新綠色裡的數字們。首先，我們要將剛剛探索的結果和先前的結果進行比較：首先這一輪的 14（下圖 #1）和之前的 8（下圖 #4）比較，發現之前的 8 還是比較小，所以這格不必做任何調整；接下來這一輪的 11（下圖 #2）和之前的 9（下圖 #5）比較，發現之前的 9 還是比較小，所以這格也不必做任何調整；最後下面這格計算結果是這一輪的 14，由於沒有之前的結果，可以直接把它記錄在左上角的 綠色三角形（下圖 #6）。

接下來比較所有已探索過的格子的成本，我們發現數值 8（下圖 #1）、14（下圖 #2）、9（下圖 #3）和 7（下圖 #4）這些下一步的路徑成本中，7 是最小的。因此，根據貪婪法的策略，我們應該選擇成本 7（下圖 #4），為最短路徑下一步的格子。

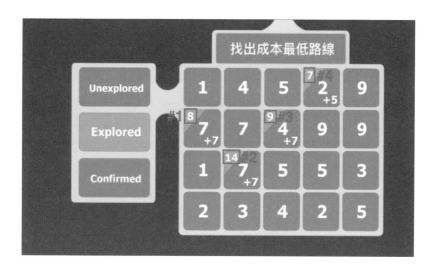

確認了成本為 7 的格子後，我們將這格塗成 橘色，代表該格成為 Confirmed 狀態（下圖 #1）。好了之後，我們再到下一輪。

接下來的選擇有成本為 16（下圖 #1）、16（下圖 #2）、9（下圖 #3）、14（下圖 #4）和 8（下圖 #5）的路徑。根據貪婪法的策略，我們將選擇成本最低的路徑，也就是成本為 8 的路徑（下圖 #5）。

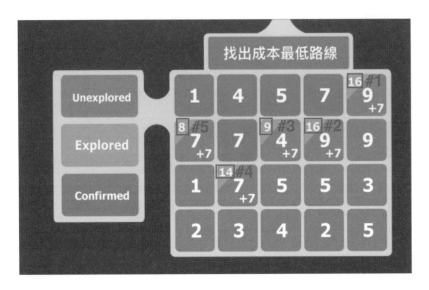

確認了成本為 8 的格子後，我們將這格塗成 橘色，代表該格成為 Confirmed 狀態（下圖 #1）。好了之後，我們再到下一輪。

探索過的路徑中的選擇有成本為 16（下圖 #1）、16（下圖 #2）、9（下圖 #3）、14（下圖 #4）和 9（下圖 #5）的路徑。根據貪婪法的策略，我們將選擇成本最低的路徑，也就是成本為 9 的路徑（下圖 #5）。我們發現這次有兩個成本為 9 的選項，分別是下圖 #3 和 #5 這兩個路徑，我們選擇最早探索的那個路徑，也就是 #3 這個路徑。

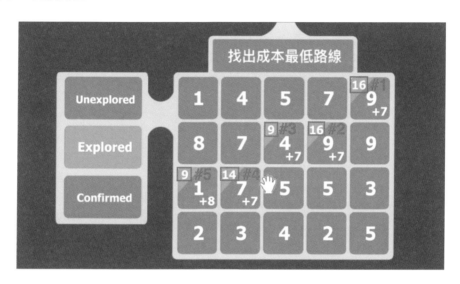

確認了成本為 9 的格子後，我們將這格塗成 橘色，代表該格成為 Confirmed 狀態（下圖 #1）。好了之後，我們再到下一輪。

接下來，去探索成本 9（下圖 #1）周圍的格子，計算結果分別為 18（下圖 #2）、14（下圖 #3），特別注意，我們還沒要去更新綠色裡的數字們。首先，我們要將剛剛探索的結果和先前的結果進行比較：這一輪的 18（下圖 #2）和之前的 16（下圖 #4）比較，發現之前的 16 比較小，所以這格不必做任何調整，接下來這一輪的 14（下圖 #3）和之前的 14（下圖 #5）比較，兩個一樣大，所以這格也不必做任何調整。

接下來的選擇有成本為 16（下圖 #1）、16（下圖 #2）、14（下圖 #3）、14（下圖 #4）和 9（下圖 #5）的路徑。根據貪婪法的策略，我們將選擇成本最低的路徑，也就是成本為 9 的路徑（下圖 #5）。

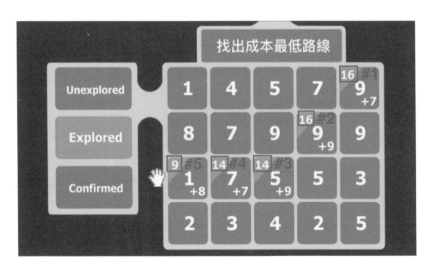

確認了成本為 9 的格子後，我們將這格塗成 橘色，代表該格成為 Confirmed 狀態（下圖 #1）。好了之後，我們再到下一輪。

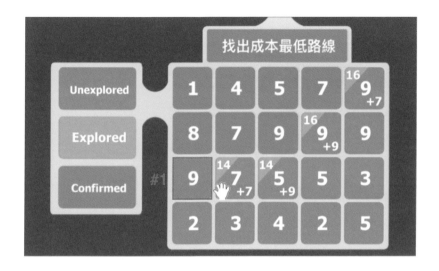

接下來，探索成本 9（下圖 #1）周圍的格子，計算結果分別為 16（下圖 #2）、11（下圖 #3），特別注意，我們還沒要去更新綠色裡的數字們。首先，我們要將剛剛探索的結果和先前的結果進行比較：這一輪的 16（下圖 #2）和之前 14（下圖 #4）比較，發現 14 比較小，所以這格不必做任何調整，接下來這一輪的 11（下圖 #3）和之前的 11（下圖 #5）比較，發現兩者一樣大，所以這格也不必做任何調整。

接下來的選擇有成本為 16（下圖 #1）、16（下圖 #2）、14（下圖 #3）、14（下圖 #4）和 11（下圖 #5）的路徑。根據貪婪法的策略，我們將選擇成本最低的路徑，也就是成本為 11 的路徑（下圖 #5）。

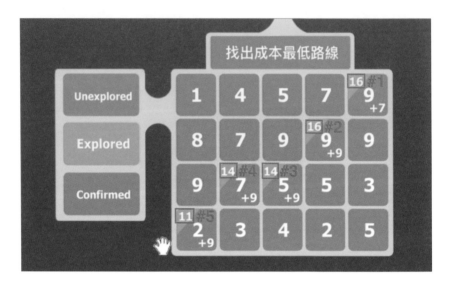

確認了成本為 11 的格子後，我們將這格塗成 橘色，代表該格成為 Confirmed 狀態（下圖 #1）。好了之後，我們再到下一輪。

接下來，探索成本 11（下圖 #1）周圍的格子，下一個要探索的格子是成本為 3，因此相加為 14 的成本，因為沒有之前的結果要比較，把結果整理到左上角的 綠色三角形（下圖 #2）。

接下來的選擇有成本為 16（下圖 #1）、16（下圖 #2）、14（下圖 #3）、14（下圖 #4）和 14（下圖 #5）的路徑。根據貪婪法的策略，我們將選擇成本最低的路徑，也就是成本為 14 的路徑。我們發現這次有三個成本為 14 的選項，分別是下圖 #3、#4 和 #5 這兩個路徑，我們選擇最早探索的那個路徑，也就是 #4 這個路徑。

確認了成本為 14 的格子後，我們將這格塗成 橘色，代表該格成為 Confirmed
狀態（下圖 #1）。好了之後，我們再到下一輪。

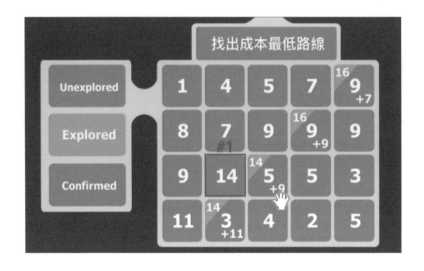

接下來，探索成本 14（下圖 #1）周圍的格子，計算結果分別為 19（下圖 #2）、
17（下圖 #3），特別注意，我們還沒要去更新綠色裡的數字們。首先，我們要將剛
剛探索的結果和先前的結果進行比較：首先這一輪的 19（下圖 #2）和之前的 14（下
圖 #4）比較，發現之前的 14 比較小，所以這格不必做任何調整，接下來這一輪的
17（下圖 #3）和之前的 14（下圖 #5）比較，發現之前的 14 比較小，所以這格也
不必做任何調整。

接下來的選擇有成本為 16（下圖 #1）、16（下圖 #2）、14（下圖 #3）、14（下圖 #4）的路徑。根據貪婪法的策略，我們將選擇成本最低的路徑，也就是成本為 14 的路徑。我們發現這次有兩個成本為 14 的選項，分別是下圖 #3 和 #4 這兩個路徑，我們選擇最早探索的那個路徑，也就是 #3 這個路徑。

確認了成本為 14 的格子後，我們將這格塗成 橘色，代表該格成為 Confirmed 狀態（下圖 #1）。好了之後，我們再到下一輪。

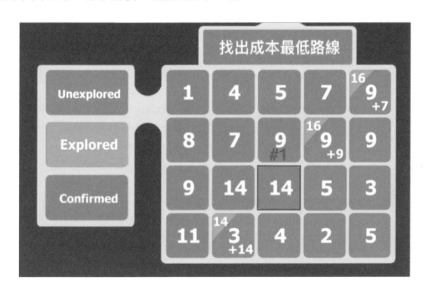

接下來，探索成本 14（下圖 #1）周圍的格子，加上目前累積的成本 14 後，計算結果分別為 19（下圖 #1）、18（下圖 #2），並把結果記錄在左上角的 綠色三角形（下圖 #4 和 #5）。

接下來的選擇有成本為 16（下圖 #1）、16（下圖 #2）、19（下圖 #3）、18（下圖 #4）和 14（下圖 #5）的路徑。根據貪婪法的策略，我們將選擇成本最低的路徑，也就是成本為 14 的路徑（下圖 #5）。

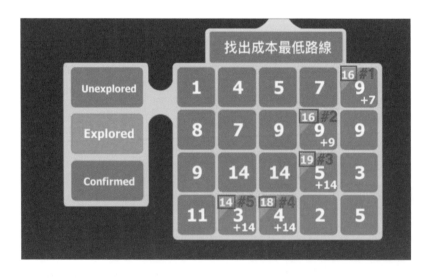

確認了成本為 14 的格子後，我們將這格塗成 橘色，代表該格成為 Confirmed
狀態（下圖 #1）。好了之後，我們再到下一輪。

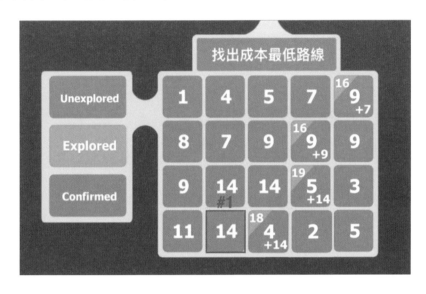

接下來，探索成本 14（下圖 #1）周圍的格子，計算結果為 18（下圖 #2），特別
注意，我們還沒要去更新綠色裡的數字們。首先，我們要將剛剛探索的結果和先前
的結果進行比較：這一輪的 18（下圖 #2）和之前的 18（下圖 #3）比較，發現一
樣大，所以這格不必做任何調整。

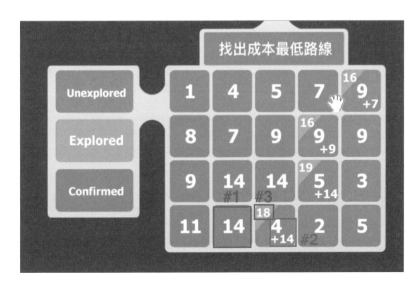

接下來的選擇有成本為 16（下圖 #1）、16（下圖 #2）、19（下圖 #3）和 18（下圖 #4）的路徑。根據貪婪法的策略，我們將選擇成本最低的路徑，也就是成本為 16 的路徑。我們發現這次有兩個成本為 16 的選項，分別是下圖 #1 和 #2 這兩個路徑，其實兩個選哪一個都沒關係，這次我們就選擇最早探索的那個路徑，也就是 #1 這個路徑。

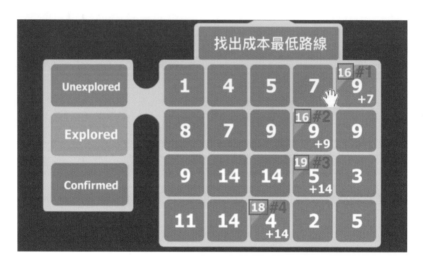

確認了成本為 7 的格子後，我們將這格塗成 橘色，代表該格成為 Confirmed 狀態（下圖 #1）。好了之後，我們再到下一輪。

接下來，探索成本 16（下圖 #1）周圍的格子，下一個要探索的的格子是成本為 9，因此相加為 25 的成本（下圖 #2），並把結果整理到左上角的 綠色三角形（下圖 #3）。

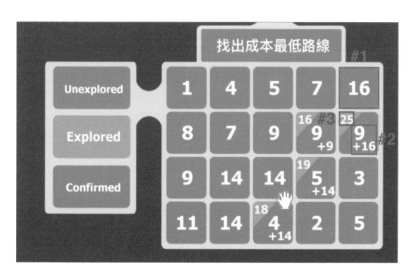

接下來的選擇有成本為 25（下圖 #1）、16（下圖 #2）、19（下圖 #3）和 18（下圖 #4）的路徑。根據貪婪法的策略，我們將選擇成本最低的路徑，也就是成本為 16 的路徑（下圖 #2）。

確認了成本為 16 的格子後，我們將這格塗成 橘色，代表該格成為 Confirmed
狀態（下圖 #1）。好了之後，我們再到下一輪。

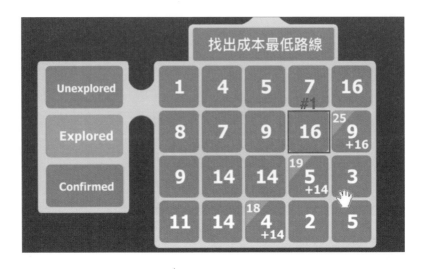

接下來，探索成本 16（下圖 #1）周圍的格子，計算結果分別為 25（下圖 #2）
以及 21（下圖 #3），特別注意，我們還沒要去更新綠色裡的數字們。首先，我們
要將剛剛探索的結果和先前的結果進行比較：這一輪的 25（下圖 #2）和之前的 25
（下圖 #4）比較，發現一樣大，所以這格不必做任何調整。接下來這一輪的 24（下
圖 #3）和之前的 19（下圖 #5）比較，發現之前的 19 比較小，所以這格也不必做
任何調整。

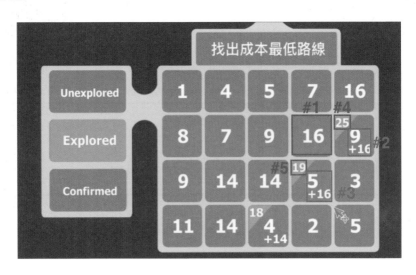

接下來的選擇有成本為 25（下圖 #1）、19（下圖 #2）以及 18（下圖 #3）的路徑。根據貪婪法的策略，我們將選擇成本最低的路徑，也就是成本為 18 的路徑（下圖 #3）。

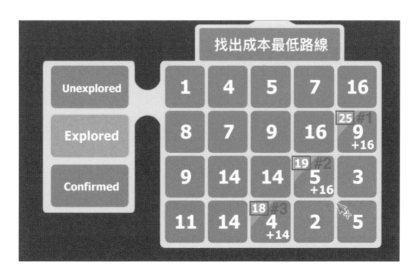

　　確認了成本為 18 的格子後，我們將這格塗成 橘色 代表該格成為 Confirmed 狀態（下圖 #1）。好了之後，我們再到下一輪。

接下來，探索成本 18（下圖 #1）周圍的格子，下一個要探索的的格子是成本為 2，因此相加為 20 的成本（下圖 #2），並把結果整理到左上角的 綠色三角形（下圖 #3）。

接下來的選擇有成本為 25（下圖 #1）、19（下圖 #2）和 20（下圖 #3）的路徑。根據貪婪法的策略，我們將選擇成本最低的路徑，也就是成本為 19 的路徑（下圖 #2）。

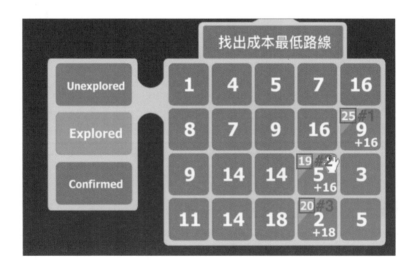

確認了成本為 19 的格子後，我們將這格塗成 橘色，代表該格成為 Confirmed
狀態（下圖 #1）。好了之後，我們再到下一輪。

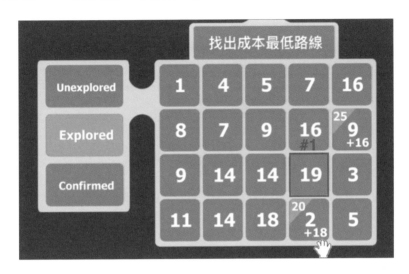

接下來，探索成本 19（下圖 #1）周圍的格子，計算結果分別為 22（下圖 #2）、
21（下圖 #3），特別注意，我們還沒要去更新綠色裡的數字們。首先，我們要將剛
剛探索的結果和先前的結果進行比較：首先這一輪的 21（下圖 #3）和之前的 20（下
圖 #5）比較，發現之前的 20 還是比較小，所以這格不必做任何調整。再來，將這
一輪的才出現的 22 這格的結果，直接記錄在左上角的 綠色三角形（下圖 #4）。

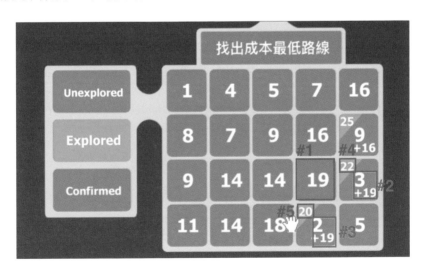

接下來的選擇有成本為 25（下圖 #1）、22（下圖 #2）和 20（下圖 #3）的路徑。根據貪婪法的策略，我們將選擇成本最低的路徑，也就是成本為 20 的路徑（下圖 #3）。

確認了成本為 20 的格子後，我們將這格塗成 橘色，代表該格成為 Confirmed 狀態（下圖 #1）。好了之後，我們再到下一輪。

接下來，探索成本 20（下圖 #1）周圍的格子，下一個要探索的的格子是成本為
5，因此相加為 25 的成本（下圖 #2），並把結果整理到左上角的 綠色三角形（下
圖 #3）。

接下來的選擇有成本為 25（下圖 #1）、22（下圖 #2）和 25（下圖 #3）的路徑。
根據貪婪法的策略，我們將選擇成本最低的路徑，也就是成本為 22 的路徑（下圖
#2）。

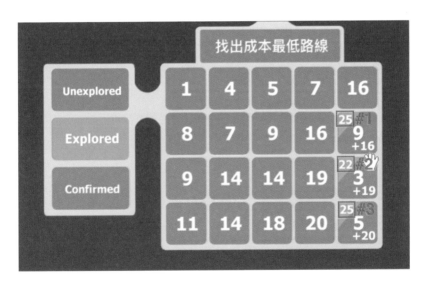

確認了成本為 22 的格子後，我們將這格塗成 橘色，代表該格成為 Confirmed
狀態（下圖 #1）。好了之後，我們再到下一輪。

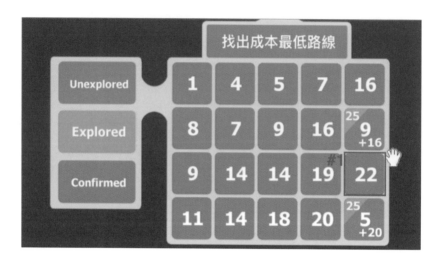

接下來，探索成本 22（下圖 #1）周圍的格子，計算結果為 25（下圖 #2）和 27（下
圖 #3），特別注意，我們還沒要去更新綠色裡的數字們。首先，我們要將剛剛探索
的結果和先前的結果進行比較：這一輪的 31（下圖 #2）和之前的 25（下圖 #4）
比較，之前的 25 還是比較小，所以這格不必做任何調整。接著，這一輪的 27（下
圖 #3）和之前的 25（下圖 #5）比較，之前的 25 比較小，所以這格也不必做任何
調整。

接下來的選擇有成本為 25（下圖 #1）和 25（下圖 #2）的路徑。根據貪婪法的策略，我們將選擇成本最低的路徑，也就是成本為 25 的路徑（下圖 #5）。我們發現這次有兩個成本為 25 的選項，分別是下圖 #1 和 #2 這兩個路徑，我們選擇最早探索的那個路徑，也就是 #1 這個路徑。

確認了成本為 25 的格子後，我們將這格塗成 橘色，代表該格成為 Confirmed 狀態（下圖 #1）。好了之後，我們再到下一輪。

最後探索過的路線只剩下成本為 25 的這個格子（下圖 #1），所以我們可以直接走過去即可。

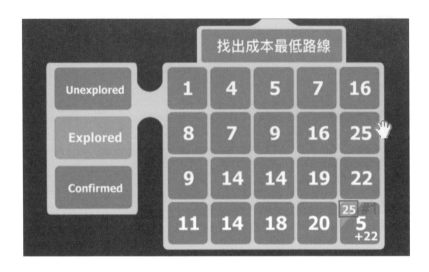

確認了最後一格成本為 25 的格子後，將這格塗成 橘色，代表該格成為 Confirmed 狀態（下圖 #1）。好了之後，結束了這個迷宮最低成本路線的探索。

確定了最後一格的成本為 25（下圖 #2）之後，表示我們已經探索完整個迷宮，並找到了一條從左上角起點（下圖 #1）到右下角終點（下圖 #2）的最低成本路徑，而這個最低的成本就是 25（下圖 #2）。

4-2-3　小結

　　雖然我們這次的目的，僅是找出「起點到終點」的最低成本，但其實我們一路上也已經把「起點到迷宮中任何一個位置」的最低路線成本都算出來了。比如說，從起點（下圖 #1）到另一個終點（下圖 #2），直接可以知道最低成本就是 18，因為我們已經把起點（下圖 #1）到迷宮中任何一個位置的最低路線成本都算出來了。也就是說，這是一個非常厲害的全體最低路線成本圖。

這邊最重要的概念，就是運用到「貪婪法」的策略來選擇路線。比如說下圖這個例子，在這個階段去比較所有「綠色探索過的路線」中「成本最小」的那一個，我們就會挑他來走。比如說，我們現在看到的五個探索過的路線，8（下圖 #1）、14（下圖 #2）、9（下圖 #3）、16（下圖 #4）、16（下圖 #5），其中最低的成本就是8（下圖 #1）。我們就會往那個格子先走過去。因為這個是「當下最好」的路線，其實也就等於「整體最好」，也就是這樣的狀況讓我們可以用貪婪法去找出最佳解。

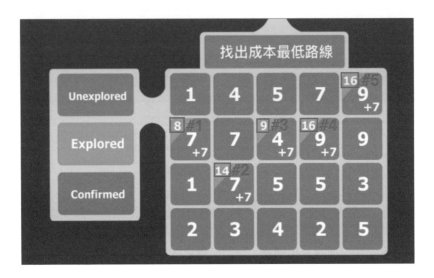

枚舉法（Enumeration）：我不聰明，但我很實在

4-3-1　前言

　　本節要來介紹的是枚舉法（Enumeration）。枚舉法就是暴力解之中的一個概念，它非常的單純，就是把所有的可能性都列出來，再來檢查這些結果中有沒有我們要的選項。

4-3-2　全球航班規劃：找尋合格解與最佳解

　　接下來我們透過一個旅遊行程的例子來説明枚舉法。下圖是一張世界地圖，上面有幾個國家，分別為 NP（北極）、IS（冰島）、UK（英國）、US（美國）、加拿大（CA）。

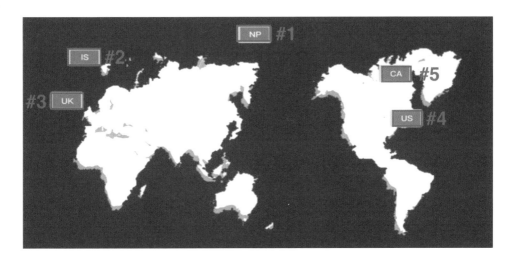

　　國家與國家之間有航線互相連接，每個航線之間都有所謂的飛行時數，在下圖使用紅色圓圈內的數字表示。比如說 UK（英國）到 US（美國）是 30 個小時（下圖 #1）。

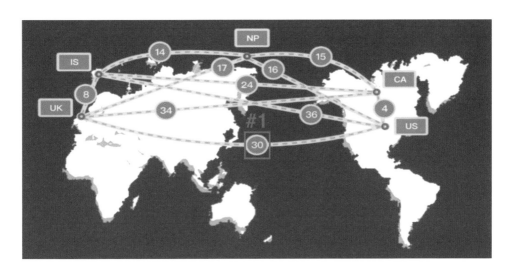

接下來我們想要做一個行程規劃，我們要從 NP（北極）出發，並且去其他四個國家遊玩。我們想要透過一個方式來制定旅遊行程，讓總旅行時數符合我們的要求。而使用枚舉法（Enumeration），我們可以做到兩件事情：第一，我們可以去搜尋出「所有的合格解」。這裡的合格解的標準就是總旅遊低於 60 個小時的行程。使用枚舉法就能幫我們找出所有符合這個標準的解。我們將合格解的需求標在世界地圖的左方（下圖 #1）。

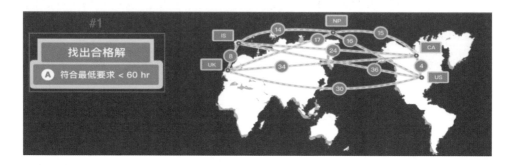

我們先把所有可能行程全部列出來。會呈現如下圖這個樣子：

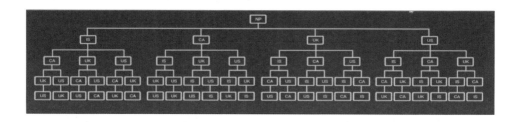

接下來說明一下這張圖要怎麼看。首先，第一層代表從 NP（北極）出發（下圖 #1）。

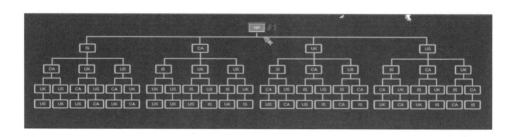

再來第二層（下圖 #2）就是從四個國家中選一個作為下一個目的地。

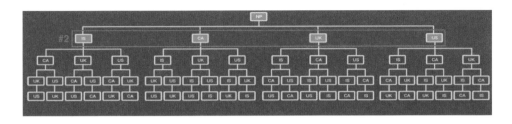

挑選出一個國家之後，第三層（下圖 #2）就是從剩下的三個國家之中再挑一個國家去。

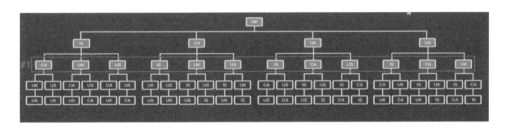

挑完第二個國家之後，接下來還有兩個國家可以選擇。那第四層（下圖 #1）就是就從剩下兩個國家再挑一個去。

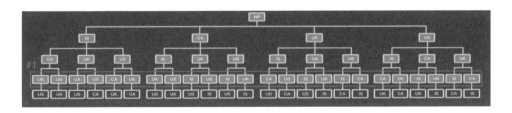

最後一層（下圖 #1）就是從剩下的最後一個國家直接過去。

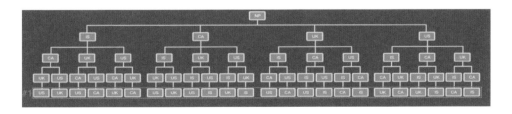

所以説，整個過程就是四選一，三選一，二選一，最後一選一，這樣一層一層選擇組合出所有可能的行程。

透過這個方式，我們就可以走遍所有可能的行程規劃。把每一種可能的行程全部走過，並且算出最後的結果的方式就是枚舉法的做法。

我們將所有行程的旅行時數加總後列在最下面（下圖 #1）。

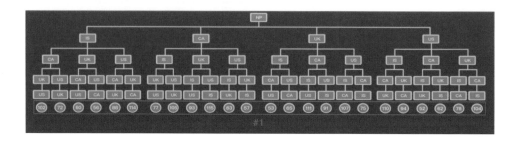

這邊舉一個例子協助大家了解總時數的算法：

假設我們從北極 NP（下圖 #1）出發。接下來往冰島 IS（下圖 #2）走，這樣要 14 個小時（下圖 #3）。再從冰島 IS（下圖 #2）往加拿大 CA（下圖 #4）走，而從冰島 IS（下圖 #2）到加拿大 CA（下圖 #4）要 24 個小時（下圖 #5）。14 加 24 就會是 38。那接下來從加拿大 CA（下圖 #4）再往英國 UK（下圖 #6）走，所以總時數就變成 38，再加上從加拿大到英國的時程 34（下圖 #7）變成 72。

最後，從再英國 UK（下圖 #6）往美國 US（下圖 #8）走，總時程就是 72 加上 30 個小時（下圖 #9）等於 102。這樣就是我們計算路線總時程的方式。

從零搞懂演算法：12 種演算法＋6 種資料結構，超圖解入門

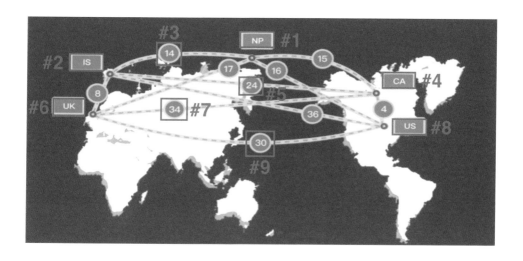

上面的例子就是下圖紅色線路徑的總時程算法，總時程為 102（下圖 #1）。

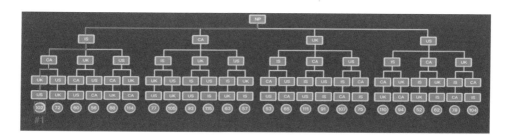

我們把所有的結果都算出來之後，就來檢查有些路線的總時程有小於 60 個小時，也就是合格解的要求。檢查過後，我們會發現最終有四條路線能夠成為合格解：分別為 56（下圖 #1）、57（下圖 #2）、53（下圖 #3）和 52（下圖 #4）。

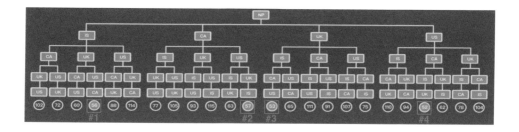

我們實際來走一次總時程為 52 這一條路線（下圖 #1）來驗算一下。

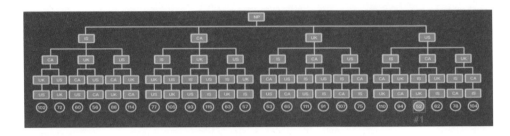

　　從北極 NP（下圖 #1）先到美國 US（下圖 #2），花了 16 小時（下圖 #3）。再來從美國 US（下圖 #2）到加拿大 CA（下圖 #4），需花 4 小時（下圖 #5），目前右半邊的國家去完了，總共花 16 + 4 = 20 個小時。再來，從加拿大 CA（下圖 #4）往冰島 IS（下圖 #6）走，花了 36 個小時（下圖 #7），所以目前累積時數為 20 + 24 = 44 小時。最後從冰島 IS（下圖 #6）去英國 UK（下圖 #8），花了 8 個小時（下圖 #9），總時數為 44 + 8 = 52 個小時，完全符合我們合格解小於 60 個小時的目標。

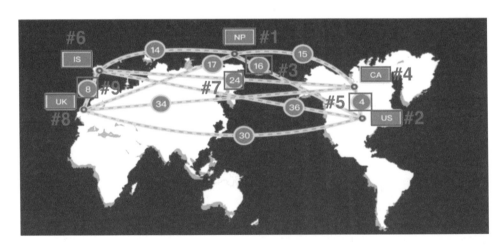

4-3-3 小結

枚舉法除了可以利用它來找合格解之外，也可以去找出最佳解。而找最佳解的方式也是一樣：首先，把所有結果都算出來。接著，在過程之中不斷比較，挑出所有解中最好的解，以本節的例子來說，我們的目標是找到最短的旅行時數的行程，而最佳解就是總時數為 52 的這條路線（下圖 #1）。

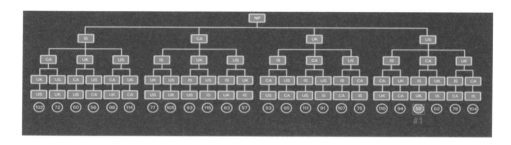

但我們可以看到，使用枚舉法去找出所有合格解，或者去找出最佳解，都會需要去一步步找到所有可能的解。因此，這是一個非常沒有效率的演算法策略。我們之後會透過 backtracking（回溯法），來改善枚舉法的演算法效能。

4-4 回溯法（Backtracking）：菜市場挑橘子，找出合格解們

4-4-1 前言

本節要來介紹 Backtracking（回溯法）這個演算法策略。Backtracking（回溯法）是一個改善枚舉法的演算法策略，它將能讓我們避免跑過所有的節點，還能更快到找出合格解。

4-4-2 全球航班規劃：找尋合格解

這邊一樣會透過世界地圖的例子。

上面有幾個國家，分別為北極（NP）（下圖 #1）、冰島（IS）（下圖 #2）、英國（UK）（下圖 #3）、美國（US）（下圖 #4）、加拿大（CA）（下圖 #5）。國家與國家之間都有飛行路線。每個路線有著所需的飛行時數，我們將飛行時數用紅色圈圈的數字表示。比如說，從 UK 到 US 就是要經過 30 個小時，如下圖 #6 所表示。

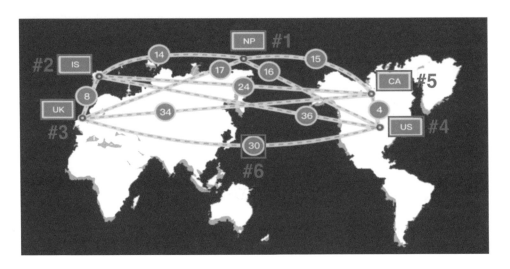

接下來我們就來說明一下什麼是 Backtracking。Backtracking 的目的是去找出「合格解」。合格的意思就是這個解有符合我們定義的標準。假設我們的最低標準是總時程小於 60 個小時。也就是說，從北極出發，經過其他 4 個國家的所有行程中，只要該行程總時數小於 60 個小時，那該行程就符合我們訂定的標準。而這些符合標準的所有行程，都會是合格解。

那 Backtracking 的好處在哪邊呢？它的好處在於，在計算路線行程時數的過程中，發現當下的行程時數大於或等於 60 的時候，就不會再繼續計算下去，省下後面的計算成本，Backtracking 就是透過這樣的方式來增加效能。我們將合格解的條件（下圖 #1）以及 Backtracking 的策略（下圖 #2）整理成下圖。

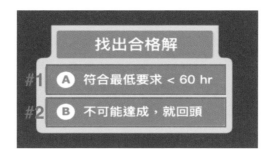

接下來把所有的行程都展開,如下圖,我們把所有的路線都列出來。但是,因為使用 Backtracking 策略,我們不會把每條路線的旅程時數計算出來,我們只會計算出所有合格解的旅程時數。

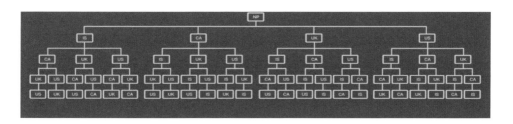

接著來看看 Backtracking 實際執行的情況。從北極 NP 做為起點(下圖 #1),一開始的旅行時間時數是 0 小時,我們使用一個在紅色圓點內的數字表示(下圖 #2),而這個圓點也代表我們目前所在的地方。

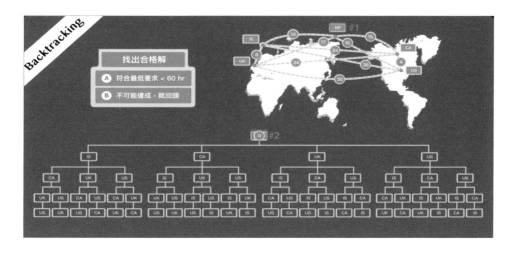

Backtracking 並不需要挑選固定的路線，因此我們下一個目的地可以隨便挑一個。那我們就挑最左邊的路線，所以接下來就從北極 NP（下圖 #1）往冰島 IS（下圖 #2）走。目前的總旅行時數就是 0 加上北極到冰島的時間，也就是 14（下圖 #3），因此目前的總旅行時數就是 14（下圖 #4）。

接著檢查 14 有沒有比 60 還小（下圖 #5），結果是有，符合我們的合格解的範圍，因此可以繼續再往下一個目的地走。

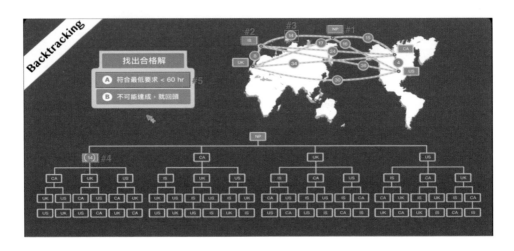

接下來就從冰島 IS（下圖 #1）往加拿大 CA（下圖 #2）走。目前的總旅行時數就會是 14 加上冰島到加拿大的時間，也就是 24（下圖 #3），因此目前的總旅行時數就是 38（下圖 #4）。

接著檢查 38 有沒有比 60 還小（下圖 #5），結果是有，仍然符合我們的合格解標準，因此可以繼續再往下一個目的地走。

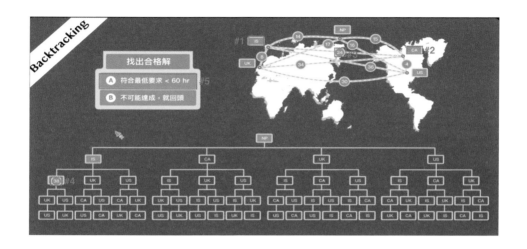

接下來就從加拿大 CA（下圖 #1）往英國 UK（下圖 #2）走。目前的總旅行時數就會是 38 加上加拿大到英國的時間，也就是 34（下圖 #3），因此目前的總旅行時數就是 72。接著檢查 72 有沒有比 60 還小（下圖 #5），結果是沒有，已經超過最低要求的 60 個小時。這時就會馬上停止，在目前的所在地，也就是英國放上一個叉叉（下圖 #4）。同時觸發我們第二個條件，也就是當發現這條路線不可能達成合格解標準就往回頭走（下圖 #6）。

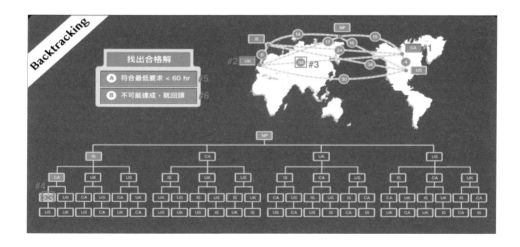

接下來就要回頭走，因為繼續往下走不可能會達到合格解的標準。所以我們就從英國 UK（下圖 #1）退回到加拿大 CA（下圖 #2），然後把從英國到加拿大的旅行時數從總旅行時數中減掉，所以目前的總旅程時數就會是 72 減 34（下圖 #3），變回 38（下圖 #4）。

而這一個退回來的步驟也就是 Backtracking 這個單詞的意思。每當我們發現當下狀態已經不可能更好了，我們就不再往下走了，退回去，這就是 Backtracking。退回去之後，我們就往另外一條路繼續探下去。

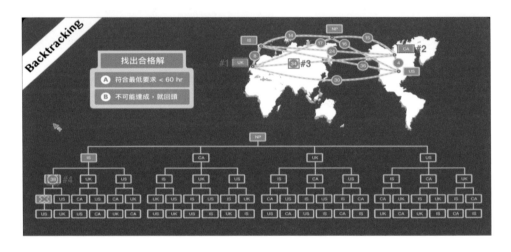

接下來就從加拿大 CA（下圖 #1）往美國 US（下圖 #2）走。目前的總旅行時數就會是 38 加上加拿大到美國的時間，也就是 4（下圖 #3），因此目前的總旅行時數就是 42（下圖 #4）。

接著檢查 42 有沒有比 60 還小（下圖 #5），結果是有，也符合我們的合格解的標準，因此可以繼續再往下一個目的地走。

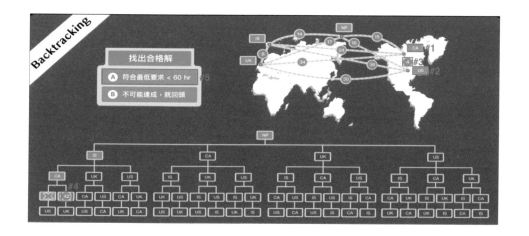

接下來就從美國 US（下圖 #1）往英國 UK（下圖 #2）走。目前的總旅行時數就會是 42 加上美國到英國的時間，也就是 30（下圖 #3），因此目前的總旅行時數就是 72。

接著檢查 72 有沒有比 60 還小（下圖 #5），結果是沒有，已經超過最低要求的 60 個小時。所以我們就在目前的所在地，也就是英國放上一個叉叉（下圖 #4）。同時觸發我們第二個條件，也就是當發現這條路線不可能達成合格解標準就往回頭走（下圖 #6）。

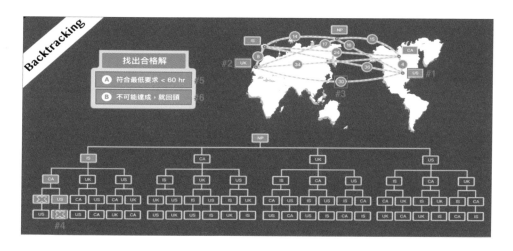

透過剛剛遇到旅行總時數超過合格解標準後往回走的兩次情境，我們可以看到 Backtracking 的主要邏輯。在計算過程之中，如果發現目前的時數已經不可能符合最低標準的話，就不會繼續往下探。透過這樣馬上回頭的動作來省下這些往下探的時間成本。如果一條路線跑完的話，還是要檢查看看它有沒有符合我們的最低標準，沒有的話還是不能當合格解。那接下來快轉一點點。

我們快轉到發現有一條路線走到底後，所得到的總旅程時數是 60 個小時的情境，因為該時數不符合合格解 < 60 小時的條件（下圖 #1），所以觸發 Backtracking 的條件（下圖 #2）；對照到下方樹狀圖，我們同時也放一個叉叉在遇到不符合合格解條件時數的地方（下圖 #3）。我們就退回去兩格，並且把相對應的時數減掉，總旅程時數就變回從北極 NP（下圖 #4）出發經過冰島 IS（下圖 #5）到英國 UK（下圖 #6）這一段的總旅程時數，結果也就是 14（下圖 #7）加上 8（下圖 #8）等於 22，對照到下方樹狀圖（下圖 #9）。

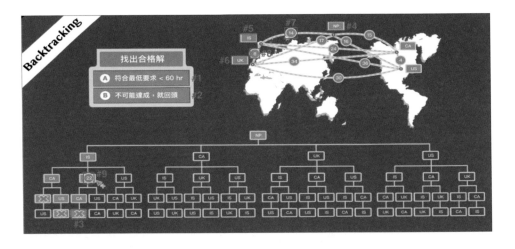

接下來就從英國 UK（下圖 #1）往美國 US（下圖 #2）走。目前的總旅行時數就會是 22 加上英國到美國的時間，也就是 30（下圖 #3），因此目前的總旅行時數就是 52，對照到下方樹狀圖（下圖 #4）。

接著檢查 52 有沒有比 60 還小（下圖 #5），結果是有，也符合我們的合格解的標準，因此可以繼續再往下一個目的地走。

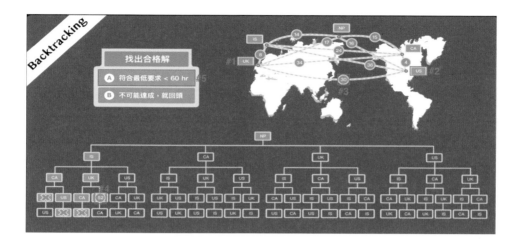

接下來就從美國 US（下圖 #1）往加拿大 CA（下圖 #2）走。目前的總旅行時數就會是 52 加上美國到加拿大的時間，也就是 4（下圖 #3），因此目前的總旅行時數就是 56（下圖 #4）。

接著檢查 56 有沒有比 60 還小，對照到下方樹狀圖（下圖 #5）；結果是有，符合合格解的標準，這代表我們找到第一個合格解了！那我們就把它這個解留下來，先把它記下來。

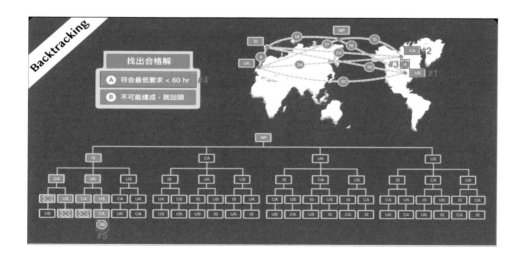

接著再快轉到透過同樣的策略，把所有合格解找出來的階段，結果如下圖。我們可以看到，在 Backtracking 的策略之中，總共找出了四個合格解，總時數分別為 56（下圖 #1）、57（下圖 #2）、53（下圖 #3）、52（下圖 #4）。而其他沒有標總時數的路線，也就是最底下那層是黑底的地方（下圖 #5 ～ #14），都是因為觸發 Backtracking 條件（下圖 #15）即時回頭，而不用去跑的地方。換句話說，Backtracking 就是透過及時回頭，省下繼續往下探路的時間的方式，來提升整體演算法的效能。

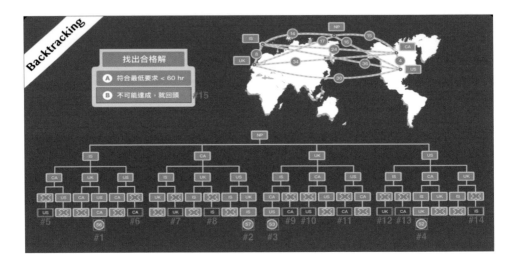

4-4-3　小結

最後我們來聊一下 Backtracking 的實作。在 Backtracking 之中，我們這次所演示的是一個 DFS（深度優先）的探索方式。關於 Backtracking 是用 BFS 還是 DFS 的差別在哪邊呢？建議大家用目的的方式來分。

首先，如果你的目的是要單純的找到「任一個合格解」，那麼就用 DFS。它會幫助我們去把一條路線從頭到尾計算好，找出一個合格解出來。但如果你的目的是要找「所有的合格解」，那不論用 DFS 還是 BFS 都沒有差別，因為它們都必須遍歷所有的路線，去篩選出最後符合航行時數的最佳路線規劃。

以上是針對 Backtracking 的觀念介紹。之後會進行到 Branch and Bound（分支界限法）的講解，先偷偷預告一下，Branch and Bound 將能更進一步優化 Backtracking 的演算法策略。

4-5 分支界限法（Branch and Bound）： 丈母娘選婿，挑出最佳解

4-5-1 前言

現在來介紹分支界限法（Branch and Bound）的演算法策略。Branch and Bound 是一個針對 Backtracking 的改善方法，在 Backtracking 所做的「分支下探」動作，並沒有做任何的判斷。對於要去哪一條分支繼續往下探是無所謂的，隨便挑一個都行。而這也導致 Backtracking 只適用在找「合格解」的情境，而不適合用在找「最佳解」的情境，因為如果要找最佳解的話，常常會變成沒有效率。而 Branch and Bound 的誕生目的就是去找最佳解，其最重要地方就在判斷「哪一條分支要先往下走」的時候，會做一個有智慧的判斷。

4-5-2 全球航班規劃：找尋最佳解

接下來的例子中，我們要從一個地圖中，找到總飛行走過所有地點的路線。下圖是一張世界地圖，上面有五個地區。

我們的出發點在 NP 北極這個位置（下圖 #1），而其他四個地區分別是 IS 冰島（下圖 #2）、UK 英國（下圖 #3）、US 美國（下圖 #4）、CA 加拿大（下圖 #5）。國家與國家之間有許多路線可以走，透過可以直達或者轉機的方式到達。而每一個路線都有飛行時間，我們使用紅色圓圈裡面的數字表示，比如說英國（下圖 #3）到加拿大（下圖 #5）就是 34 個小時（下圖 #6），而英國（下圖 #3）到美國（下圖 #4）則是 30 個小時（下圖 #7），以此類推。

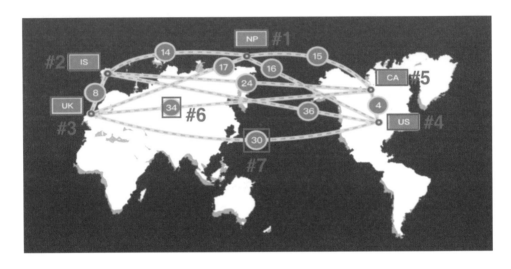

而這一次想要規劃一個旅遊行程，每次都會從北極出發，透過某種行程規劃去到這五個地區參觀遊玩。而我們要在這眾多的路線之中挑選一個最佳的路線。而什麼叫做最佳的路線？最佳的路線就代表「總飛行時數最少」的路線。而 Branch and Bound 就是最適合在這樣的狀況找尋最佳解。

首先 Branch 代表的是在每次進行分支的時候，我們都會去挑選當下看起來最好的先走（下圖 #1）。這句話是非常有哲理的，我們並沒有直接說挑「最好的」先走，而是說「看起來最好」。這是什麼意思呢？每當我們在一個狀態下，要判斷下一步要往哪邊走的時候，老實說我們的資訊都是不足夠的，無法完全知道挑選的下一步是否百分百是「最好的」的路線，我們只能挑當下「看起來最好的」路線，也就是看起來最有前途的路線往下走。至於我們怎麼判斷呢？就取決於當下的策略。

而當透過某種策略，將 Branch 挑好之後，如果我們的判斷方式沒有太差，應該很快就會找到一個還蠻接近最佳解的其中一個解。有了其中一個狀態之後，我們就可以利用到 Bound 的特性：如果我們發現當下這個路線，已經不可能比我們當下找到最好的解還要好的話，那我們就直接回頭，不用再往下探測（下圖 #2），透過這樣提升我們的效能。

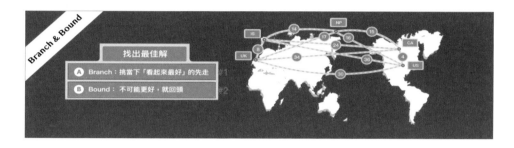

　那我們就來看，如果把整個世界地圖所有可能的行程規劃都列出來，會有下面這些可能的路線：

　首先，從北極（下圖 #1）出發。再來，從剩下的國家四選一（下圖 #2）。四選一完之後，剩下三個國家再三選一（下圖 #3）。再來，二選一（下圖 #4），最後一選一（下圖 #5）。這就是我們所有可能的行程規劃。

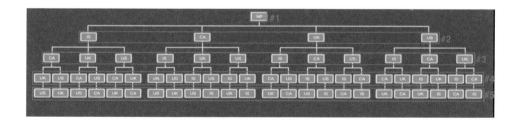

　但我們這次不會用枚舉法的方式把所有路線從頭到尾走過一遍。這次要用的策略是 Branch and Bound，也就是透過更有智慧的演算法策略，來找出我們的最佳解。

接下來就帶大家實際來走走看 Branch and Bound 的執行過程。一開始，我們一樣以北極 NP（下圖 #1）作為起點，將下方樹狀圖（下圖 #2）的北極 NP 塗成藍色，代表目前所在的位置。接著，我們要做一個判斷：要往哪一個國家先走呢？在這裡要用一個簡單的策略挑出，從北極出發到其他國家中，目前「最短距離」的是哪一個國家，作為「當下看起來最好」的判斷策略。那麼我們就來看北極往其他四個國家，分別要花多少時間：到冰島 14（下圖 #3）、到加拿大 15（下圖 #4）、到美國 16（下圖 #5）、到英國 17（下圖 #6）。以 Branch and Bound 的策略來說就是：發現這條去冰島 IS（下圖 #7）的路線只需要 14 個小時（下圖 #3），那這的確是「目前看起來最好」的一個路線。至於到底是不是真的最好？我不知道，但是我知道當下它是最好的，所以決定先走這條路線（下圖 #8）。所以我們就從北極 NP 往冰島 IS（下圖 #7）走過去，最後我們把下方樹狀圖（#9）的冰島 IS 塗成藍色，代表目前所在位置在這裡。

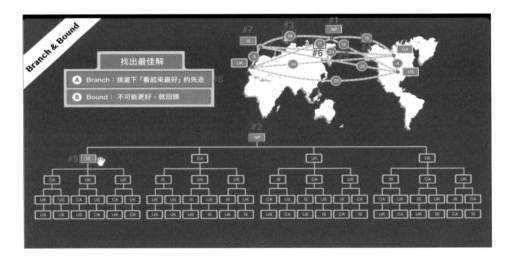

那當我們到了冰島 IS（下圖 #1）之後，我們要再來判斷一遍接下來哪條路線是當下看起來最好的（下圖 #2），接下來的路線有：到加拿大 24（下圖 #3），到美國 36（下圖 #4），到英國 8（下圖 #5）。看起來往英國 UK 的 8 小時的路線（下圖 #5）看起來是當下最好的，所以下一步就從冰島 IS（下圖 #1）往英國 UK（下圖 #6）走，然後把下方樹狀圖（下圖 #7）的英國 UK 塗成藍色，代表目前所在位置在這裡。

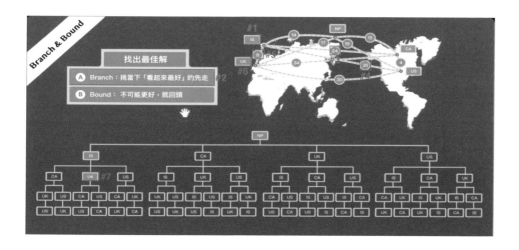

　到了英國 UK（下圖 #1）之後，我們要再來判斷一遍接下來哪條路線，是當下看起來最好的（下圖 #2），接下來的路線有：到加拿大 34（下圖 #3），到美國 30（下圖 #4）。看起來往美國 US 的 30 小時的路線（下圖 #4）是當下最好的，所以下一步就從英國 UK（下圖 #1）往美國 US（下圖 #5）走，然後把下方樹狀圖（下圖 #6）的美國 US 塗成藍色，代表目前所在位置在這裡。

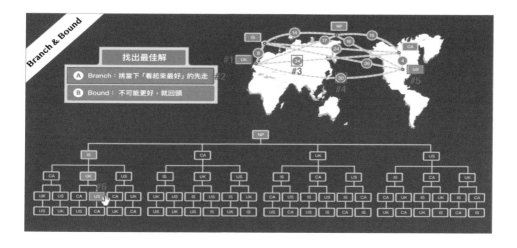

到達美國 US（下圖 #1）之後，只剩下一條路線可以選擇了：前往加拿大 CA（下圖 #2）的路線。當到達加拿大 CA（下圖 #3）後，把下方樹狀圖（下圖 #4）的加拿大 CA 塗成藍色，代表目前所在位置在這裡。這樣我們就完成了這一次的完整行程，走訪了全部五個國家。

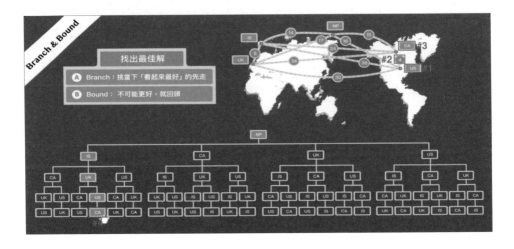

透過剛剛這個過程，我們示範了 Branch 這個挑選「當下看起來最好的」先走的分支策略。可以看到一路走下來，我們並不是無腦的隨便挑一個路線往下走，而是挑當下看起來最好的走，就能更快速拿到接近「最佳解」的結果。

了解所謂的 Branch 是什麼之後，再來看 Bound 要在什麼時機使用。首先，把剛剛示範的第一條路線，所需要花的總時數算出來：從北極到冰島 14 個小時（下圖 #1），再到英國 8 個小時（下圖 #2），再到美國 30 個小時（下圖 #3），再到加拿大 4 個小時（下圖 #4），全部加起來總路線耗費 56 個小時，下方樹狀圖（下圖 #5）使用一個紅色圓圈內的數字，來代表目前路線的總時數。

特別注意，此時 56 小時就是目前暫時的「最佳解」。當我們找到第一條路線的總時數之後，這個時數將會成為一個界限，也就是 Bound。接下來所有的計算過程中，如果發現某條路線的總時數比這個時間還長的話，就不會繼續走下去，這個就是 Bound 策略的說明（下圖 #6）。

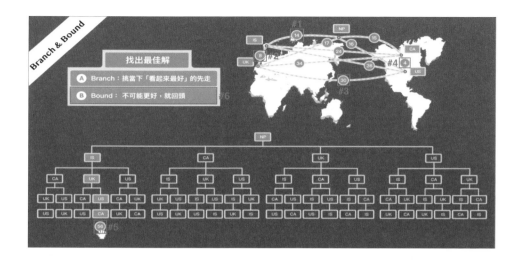

走完了一條路線後，我們就開始往回退，先從加拿大 CA（下圖 #1）退回到美國 US（下圖 #2），然後把加拿大到美國的旅程時數 4 小時（下圖 #3）從總時數扣掉，現在總時數變成 52，如下方樹狀圖（下圖 #4）。

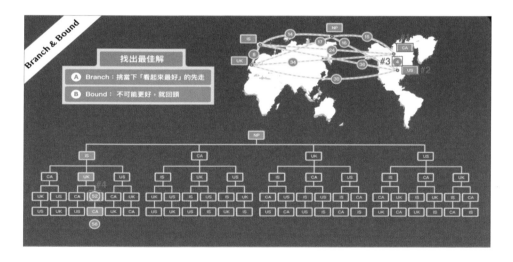

再從美國 US（下圖 #1）退到英國 UK（下圖 #2），然後把美國到英國的旅程時數 30 小時（下圖 #3）從總時數扣掉，現在總時數變成 22，如下方樹狀圖（下圖 #4）。

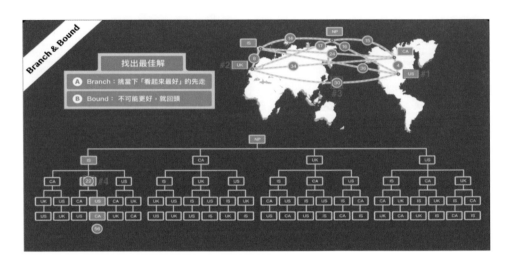

退回到英國（下圖 #1）之後，我們就往另外一條路走。接下來就從英國 UK（下圖 #1）往加拿大 CA（下圖 #2）走。所以我們的總旅行時數就再加上 34 小時（下圖 #3），結果等於 56。結果發現 56 已經不可能比目前最佳解 56 小時還要小，對照下方樹狀圖（下圖 #4），所以我們就遇到第一個 Bound 的狀況，在這邊直接停掉，不再往下走（下圖 #5），同時在下方樹狀圖（下圖 #6）的地方放上一個叉叉，代表我們在這個地方回頭。透過這個方式省下往下探的時間成本，這就是 Bound 的好處，根據當前最好的解，來省略一些不必要的分支探索。基本上到這裡就把 Branch 和 Bound 的概念都講完了。

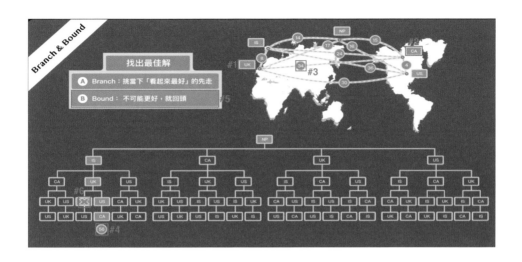

但為了讓大家更好理解，我們再挑一個例子下去講。

接下來從加拿大 CA（下圖 #1）退回去到英國 UK（下圖 #2），然後把加拿大到英國的時程 34 小時（下圖 #3），從總時程 56 小時裡面減掉，所以目前的總時程變成 22 小時，對照下方樹狀圖（下圖 #4）。接著我們發現這個分支的路都走完了，那就再往回退。

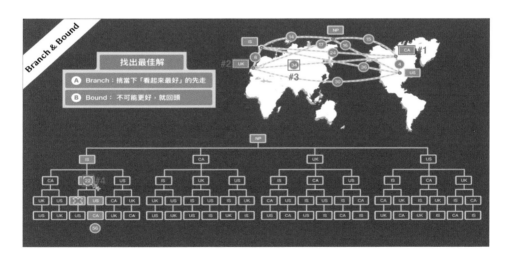

接下來從英國 UK（下圖 #1）退回去到冰島 IS（下圖 #2），然後把英國到冰島的時程 8 小時（下圖 #3），從目前路線總時程 22 小時裡面減掉，所以目前的總時程變成 14 小時，對照下方樹狀圖（下圖 #4）。

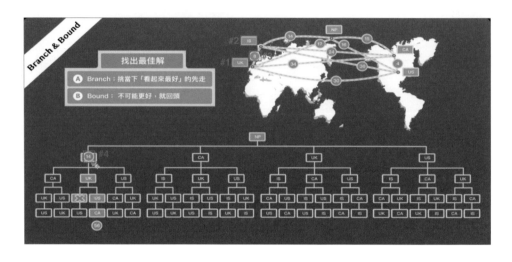

接下來繼續採用 Branch 的策略：挑選當下看起來最好的路線先走（下圖 #1）。目前有兩條路線：冰島 IS 到加拿大 CA 是 24 個小時（下圖 #2），冰島 IS 到美國 US 是 36 小時（下圖 #3）。那到加拿大 CA 這一條路線看起來是當下最好的路線，所以接下來就從冰島 IS（下圖 #4）前往加拿大 CA（下圖 #5）。接著就把從冰島到加拿大的時程 24 小時（下圖 #2），加到目前的總時程 14 中。所以目前總時程變 38 小時，對照下方樹狀圖（下圖 #6）。發現 38 仍然比 56 還要小，對照下方樹狀圖（下圖 #7），因此可以繼續往下走。

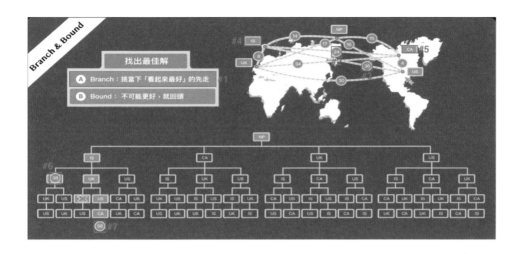

到了加拿大 CA（下圖 #1）之後，一樣透過 Branch 的策略（下圖 #2）選擇下一條路線：到英國是 34 個小時（下圖 #3），到美國是 4 個小時（下圖 #4）。那到美國 US 這一條路線，看起來是當下最好的路線，所以接下來就從加拿大 CA（下圖 #1）前往美國 US（下圖 #5）。接著就把從加拿大 CA 到美國 US 的時程 4 小時（下圖 #4），加到目前的總時程 38 中。所以目前總時程變 42 小時，對照下方樹狀圖（下圖 #6）。42 還是比 56 還要小，對照下方樹狀圖（下圖 #7），可以繼續往下走。

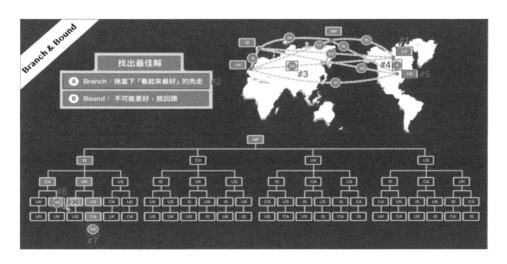

接下來只剩一條路線，所以直接從美國 US（下圖 #1）往英國 UK（下圖 #2）
走。把目前總時程 42 加上美國到英國的路程 30 小時（下圖 #3），總時程就是 42
加 30 變 72。結果發現 72 已經不可能比目前的最佳解 56 小時還要好，對照下方
樹狀圖（下圖 #4），我們就放上一個叉叉，對照下方樹狀圖（下圖 #5），然後根據
Bound 策略準備回頭（下圖 #6）。而雖然這個已經是這條路線的最後一個國家最後
一個點，但其實還是運用到 Bound 的效果（下圖 #6），因為這個解並沒有比當下
的最佳解還要好（下圖 #5）。

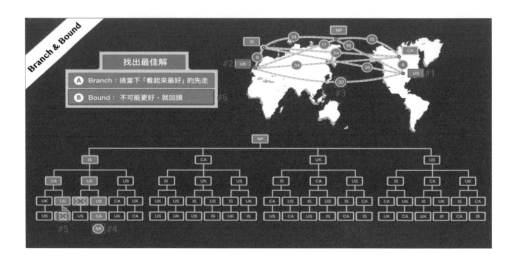

接下來開始回頭走，從英國 UK（下圖 #1）退到美國 US（下圖 #2），再從美國
US（下圖 #2）退到加拿大 CA（下圖 #3），總時程就從 72 減去 30 個小時（下圖
#4）變成 42，再從 42 減去 4 個小時（下圖 #5）變成 38，對照下方樹狀圖（下圖
#6）。

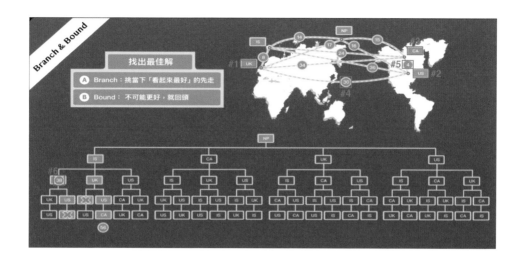

接下來，就從加拿大 CA（下圖 #1）往英國 UK（下圖 #2）走。所以總時程就是把 38，再加上加拿大到英國的時間 34 小時（下圖 #3），變成 72。結果我們發現 72 已經不可能比目前的最佳解 56 小時還要小，對照下方樹狀圖（下圖 #4），發揮 Bound 的效果，當發現不可能更好就回頭（下圖 #5），所以在目前位置放上一個叉叉，對照下方樹狀圖（下圖 #6），然後馬上回頭。透過這個方式又再次的省下了往下探的時間成本，這就是 Branch and Bound 策略最好的地方。

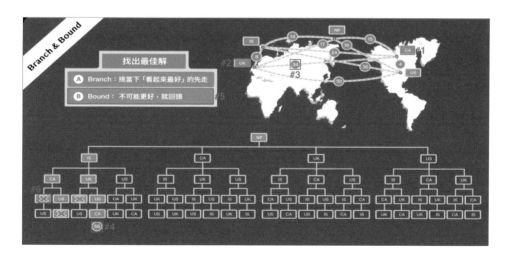

接下來探路的邏輯都是一模一樣的。所以我們快轉一下，目前的進度如下圖，現在第一站的國家只剩下兩個地方可以去：英國 UK（下圖 #1）或者是美國 US（下圖 #2）。

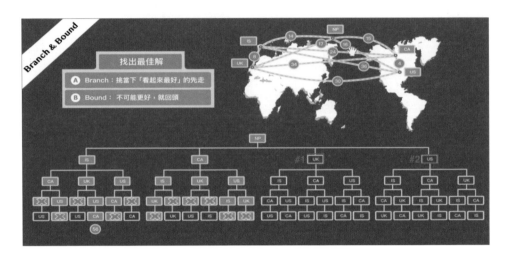

接下來我們繼續採用 Branch 的策略：挑選當下看起來最好的路線先走（下圖 #1）。目前有兩條路線：北極 NP 到英國 UK 是 17 個小時（下圖 #2），冰島 IS 到美國 US 是 16 小時（下圖 #3）。那到美國 US 這一條路線看起來是當下最好的路線，所以接下來就從北極 NP（下圖 #4）前往美國 US（下圖 #5）。

接著把從北極 NP 到美國 US 的時程 16 小時（下圖 #2），加到目前的總時程 0 中。所以目前總時程變 16 小時（下圖 #6）。16 比 56 還要小，對照下方樹狀圖（下圖 #7），所以可以繼續往下走。

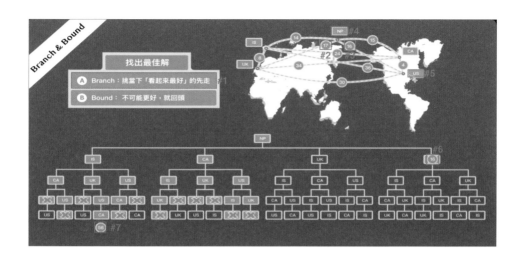

到了美國 US（下圖 #1）之後，一樣透過 Branch 的策略（下圖 #2），選擇下一條路線：到加拿大是 4 個小時（下圖 #3），到冰島是 36 個小時（下圖 #4），到英國是 30 個小時（下圖 #5）。那到加拿大 CA 這一條路線看起來是當下最好的路線，所以接下來就從美國 US（下圖 #1）前往加拿大 CA（下圖 #6）。接著就把從美國到加拿大的時程 4 小時（下圖 #3），加到目前的總時程 16 中。所以目前總時程變 20 小時（下圖 #6）。20 還是比 56 還要小，對照下方樹狀圖（下圖 #8），所以可以繼續往下走。

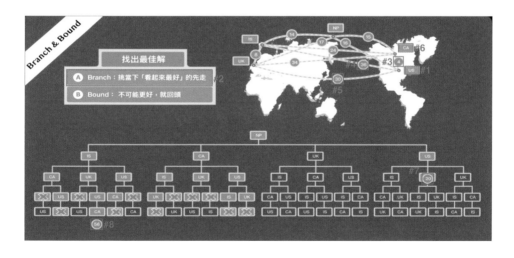

接下來繼續採用 Branch 的策略：挑選當下看起來最好的路線先走（下圖 #1）。目前有兩條路線：加拿大到冰島是 24 個小時（下圖 #2），加拿大到英國是 34 小時（下圖 #3）。那加拿大 CA 到冰島 IS 這一條路線看起來是當下最好的路線，所以接下來就從加拿大 CA（下圖 #4）前往冰島 IS（下圖 #5）。接著就把從加拿大到冰島的時程 24 小時（下圖 #2），加到目前的總時程 20 中。所以目前總時程變 44 小時（下圖 #6）。44 還是比 56 還要小，對照下方樹狀圖（下圖 #7），所以可以繼續往下走。

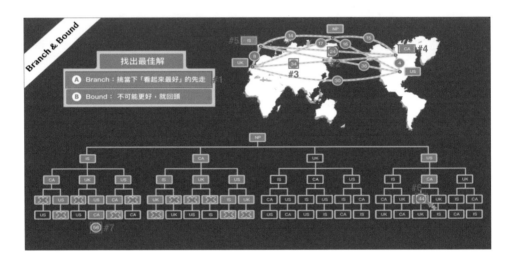

接下來只剩下一條路線，所以直接從冰島 IS 再往英國 UK 走，總時程就是 44 再加上 8（下圖 #3），等於 52 個小時（下圖 #4）。我們發現 52 小時比之前的最佳解 56 小時還要好，這個時候就發生了一個非常有趣的狀況。我們會把之前的解給取代掉。這邊就把下圖的 56 小時的圓圈塗上黑色，對照下方樹狀圖（下圖 #5）；然後把我們最新的最佳解 52 移下來，並使用紅色圓圈標示，當作我們現在的最佳解，對照下方樹狀圖（下圖 #4）。所以這邊可以看到 Branch and Bound 的策略，可以幫助我們越快找到越接近最佳解的解。但這只是一個相對有智慧的策略，因為我們的 Branch 策略再怎麼好也只是挑「當下看起來最好的」選項（下圖 #6），它並不能確保是否有另外一條在後面一點的路線有著更好的解，假如有找到更好的解，那就會像這邊的例子一樣，取代之前那一個答案。

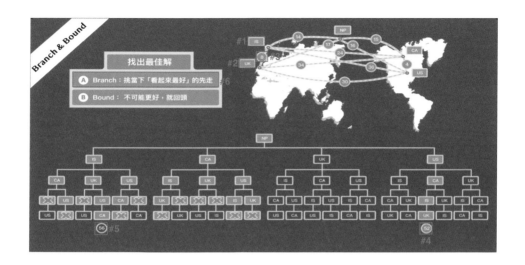

因為接下來探路的過程，會是和之前幾個狀況一樣的動作，所以就直接把所有路線探路的結果整理出來，最後的樣子就會像是下圖 #1 的樣子。

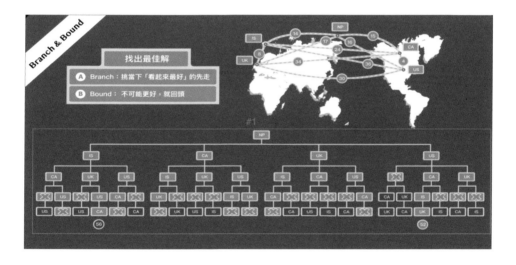

最後來停一下，我們現在真正的退後一步，來好好理解 Branch and Bound 到底為我們做了什麼。

Branch and Bound 的目的就是找出「最佳解」，而它找出最佳解的方式，也是它與 Backtracking 最大的不同，即在選擇「哪個分支先往下走」時進行一個有智慧的判斷。用更白話文來說，我們會挑選「當下看起來最好的路線」先走，在這個例子中使用的策略就是：哪一條路線，當下用的時間最少，就先往那邊走過去。

所以不管在哪一層，第一層（下圖 #1）、第二層（下圖 #2）、第三層（下圖 #3）、第四層（下圖 #4），都是用同樣的策略（下圖 #5）挑選我們的分支走下去。雖然每一步都是去猜測最佳解，但我們猜的有智慧。可以看到我們第一個所猜到的答案是 56（下圖 #6），之後探索了不少路線才出現另外一個解 52（下圖 #7）是比它好的，甚至到最後沒有其他路線可以比這個解更好了。

在眾多的選擇中看到，第一個挑到的結果（下圖 #6），已經就是第二好的，代表目前這個「看起來最好的策略」的效果還不錯。而這又讓我們的 Bound 策略的效果更好了。為什麼呢？因為當我們第一個找到的最佳解已經是其中數一數二的好結果之後，我們會得到一個很高的上限，可以讓我們在後續分支中，更早更多地判斷能夠馬上回頭的狀況。

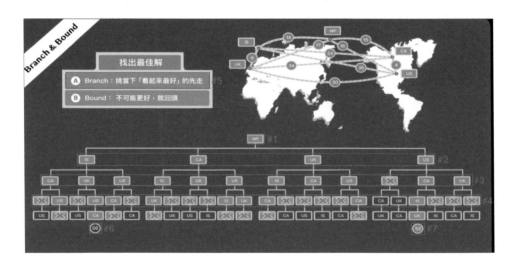

比如說下圖從北極 NP #1，經過美國 US #2，再到冰島 IS #3 這一個路線，光是在第三層（下圖 #3）就發現這個路線，已經不可能比當下的最佳解 52 小時（下圖 #4）還要好了。因為當這條路線探索到第三層（下圖 #3）時，總時程是從北極到美

國的 16 小時（下圖 #5），再加上美國到冰島 36 小時（下圖 #6），加起來的時間等於 52 小時，所以不可能比當下的最佳解 52 小時（下圖 #4）還要好。我們在這邊就直接終止繼續往下探索，大筆大筆的省下探索下面四個地方的時間成本（下圖 #7）。而這也是 Branch and Bound 策略發揮最大價值的地方。

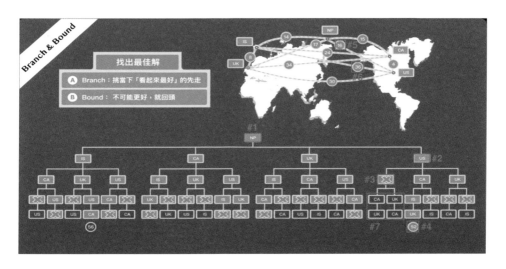

4-5-3　小結

以上是針對 Branch and Bound 分支界限法的完整介紹。這個演算法策略其實是非常的巧妙的。可惜很多網路上的教學文章真的沒有講到重點，甚至還有不少人把 Branch and Bound 和 BFS 關聯在一起，而這兩者並沒有什麼關聯性。

Branch and Bound 這個演算法策略，其實仍然是一個 DFS 深度優先的策略。因此如果你在網路上看到有人說它是 BFS 的話，那就要多注意一些。Branch and Bound 追根究柢是一個為了 Backtracking 所做的優化。我們在 Backtracking 之中，如果是用 DFS 做，是隨便挑一個分支走到底再回來，不停重複這個過程。而 Branch and Bound 的重點優化，就是在分支探索的時候，會用有智慧的方式來走，就是說 DFS 走的路線會選擇更有智慧。我們不會隨便走，而是會挑當下看起來最好的路線先走下去，但這仍然是一個 DFS 的過程。

之所以有很多網路文章或者是影片當作是 BFS，是因為在實作的過程中常會用到 Queue。但在實作中所用的 Queue，單純只是為了判斷哪個分支看起來最好的時候在使用而已。它只是實作的一個部分，並沒有改變整個演算法變成 BFS；整個演算法還是維持成 DFS 深度優先的。所以大家在使用網路上免費的教學資源時，可能還是要謹慎一點，不要不小心吸收到錯誤的觀念。到時候要把舊觀念給改掉，會比從一開始就學對的人還要耗時也耗精力。

4-6 暴力解策略：枚舉法 vs 回溯法 vs 分支界限法

4-6-1 前言

本節我們要來比較，與暴力解有關的三種演算法策略，分別為枚舉法（Enumeration）、回溯法（Backtracking）、以及分支界限法（Branch and Bound）。

4-6-2 枚舉法（Enumeration）的使用時機

在枚舉法（Enumeration）之中，可以做到兩件事情：第一，去找「合格解」；第二，去找「最佳解」。不過，兩件事情找尋的策略都是把所有的可能的解答都走過一遍。比如說，下圖是尋找最短旅行時程的所有可能路線的分支圖，如果我們是要找「合格解」的話，就把所有總時程符合合格解標準 < 60 hr（下圖 #1），所找到的全部路線總時程上塗上橘色（下圖 #2 到 #5）。

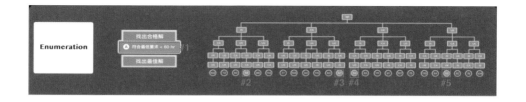

而如果我們要找的是「最佳解」，則是挑裡面最好的那一個顯示出來（下圖 #1）。而不論是哪一種，我們都需要走過了所有的可能的路線，所以這是一個相對沒有效率的演算法策略。

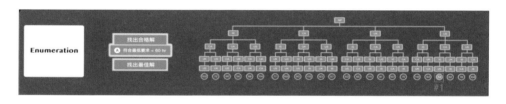

4-6-3 回溯法（Backtracking）的使用時機

Backtracking 適合用在找尋所有「合格解」的時候。如果當下的狀態已經不可能符合合格解，我們就即時回頭。所以路線分支圖如下：下圖 #1 中，所有標記叉叉的格子就是即時回頭的時候。透過這個方式，我們就省下探索下圖 #1 這些黑底的時間成本，透過這樣提升整體的演算法效能。但是，Backtracking 並不適合找最佳解，因為在挑選哪個分支要先走的時候，並沒有做任何有智慧的判斷。

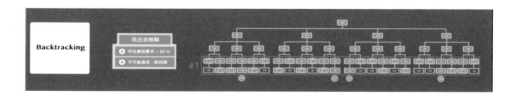

4-6-4　分支界限法（Branch and Bound）的使用時機

Branch and Bound 最適合用在找尋「最佳解」的時候，它有兩大重點：

- **Branch**：我們會透過挑選「當下看起來最好」的分支先走（下圖 #1）。

- **Bound**：在過程中會和目前拿到的最佳解不斷比較。如果當下的狀態已經不可能比「當下最佳解」還要好的話，那就馬上回頭（下圖 #2），因此路線分支圖如下圖。可以看到第一次拿到的解是 56（下圖 #3），我們一路透過有智慧的判斷挑選最有前途的分支走下去，拿到當下最好的最佳解。並且以 56（下圖 #3）的解為界限，來比較其他後續的分支。我們在下圖 #4 看到的全部叉叉標記，都是因為它們已經不可能比當下最佳解還要好，即時停住回頭的時候，可以看到省下的時間成本，也就是下圖 #4 所有黑底的部分，比下圖 #5 的 Backtracking 的路線分支圖還要多一點，特別是這下圖 #6 這一條路線，在第二層就馬上回頭了，省下了大量的時間成本。

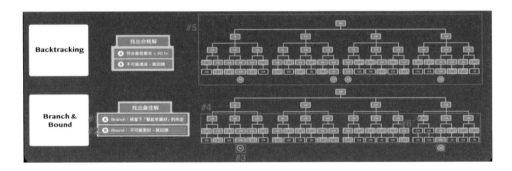

4-6-5　小結

以上是針對與暴力解相關的三種演算法策略的整體比較，下圖是這三者路線圖的統整。總體而言，演算法的表現由高而低排序則為：

分支界限法（Branch & Bound）

- 找出最佳解

回溯法（Backtracking）

- 找出合格解

從零搞懂演算法：12種演算法＋6種資料結構，超圖解入門

枚舉法（Enumeration）

- 找出合格解

- 找出最佳解

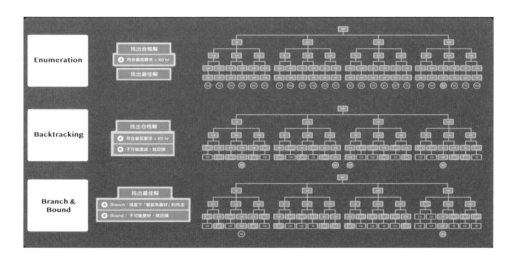

4-7 分治法（Divide & Conquer）：大事化小，小事化無

4-7-1　前言

本節要來介紹 Divide and Conquer 這個演算法策略。首先，要先介紹 Divide and Conquer 的前身，也就是 Decrease and Conquer。這兩者的主要宗旨一樣是大事化小，再透過小事們去解決大規模的事情。

4-7-2　分治演算法 I：Decrease and Conquer

它有以下幾個重要觀念：

第一，Decrease，也就是將大問題分解成小問題。並且一直分解到出現 Base Case，也就是一個夠小的問題，小到我們可以輕易解決的問題（下圖 #2）。而當我們抵達了 Base Case 之後，就運用第二個觀念 Conquer，去處理掉 Base case 的問題（下圖 #2）。把 Base Case 給解掉之後，利用 Base Case 的結果，去解開上一層的比較大的問題，再利用比較大問題的結果，去解掉上一層更大的問題，直到解開一開始的問題（下圖 #3）。

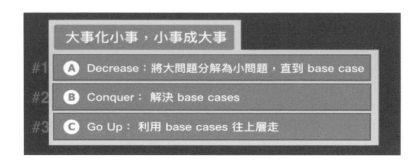

接下來，我們使用圖解的方式來表達這些概念。假設我們原本的問題是下圖 #1 這個大圓圈，這麼大一個問題，我們很難去下手。所以我們會透過某種方式，把它減少（Decrease）成一個更小規模的問題。這樣一路下去，直到什麼時候？直到我們減出了一個 Base Case（下圖 #2）。這邊用一個 B 來代表，代表一個 Base Case，就代表這個問題的規模已經小到我們可以輕易解決。

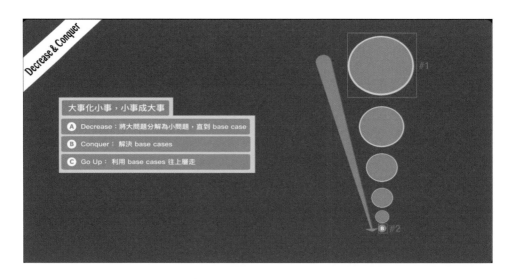

接下來，就把 Base Case 給解掉，這邊用橘色塗滿圓圈來代表這個問題被解掉了（下圖 #1）。

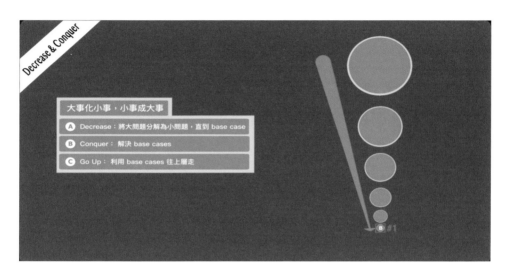

當我們拿到了 Base Case 的結果之後，我們就能往上一層走回去，利用我們 Base Case 的結果，去把上一層的問題也解掉，所以下圖 #1 使用橘色塗滿圓圈，代表該問題也被解掉了。

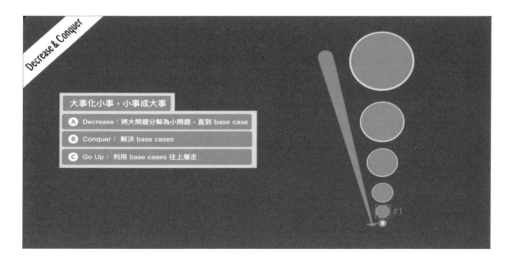

以此類推下圖 #1 問題的解也能被它的上一層問題（下圖 #2）給使用，來解開下圖 #2 的問題。

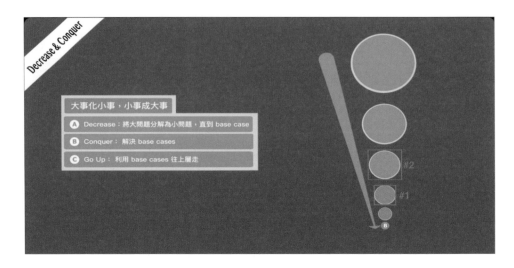

就這樣，從 Base Case 的問題開始，一路往上一層一層地解開問題。利用下一層的解來解開上一層的問題，一一地解掉更大規模的問題，到最後就能把當初一個很大很大，不知道怎麼下手的問題給解掉。整個解題的順序分成兩大步驟：先把一個大問題分解成小問題，直到 Base Case（下圖 #1），再來用 Base Case 的結果一路往上層走，把更大的問題一一解決掉（下圖 #2）。

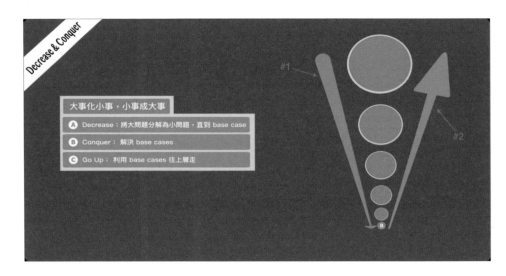

4-7-3　分治演算法 II：Divide and Conquer

在了解了 Decrease And Conquer 之後，再來看到 Divide And Conquer。Divide And Conquer 和 Decrease And Conquer 幾乎一模一樣，唯一的差別在 Divide 的時候，我們會將一個大問題分解成「多個」小問題（下圖 #1），所以會出現類似「分支」的概念。同樣地，將大問題分成多個小問題之後，一直到找到 Base Case，接著，把 Base Case 給解掉（下圖 #2），最後利用 Base Case 的結果，一路往上一層走，並且把更大規模的問題一一解掉（下圖 #3）。

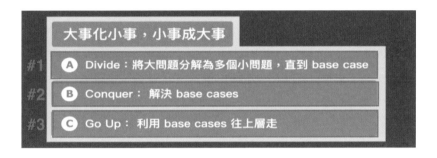

接下來也用圖解的方式來解釋，假設現在同樣拿到一個很大的問題（下圖 #1），我們下一步會把同樣的問題分解成多個更小規模的問題；如果規模還不夠，就會一路繼續分下去，直到把問題分解到出現 Base Case（下圖 #2），問題到了這個規模就可以輕易的解決。

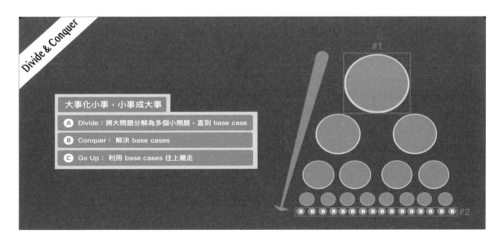

接下來，快速解決 Base Case 並且利用它們的結果，去解決更大規模的問題，並重複同樣的行為，一層一層解決問題直到解決最大的問題。這邊透過將圓圈塗滿橘色代表該問題已解決，假設我們現在已經把左下角兩個 Base Case 解掉（下圖 #1），它們的結果就可以被上一層使用（下圖 #2），讓我們去解決更上一層的問題。

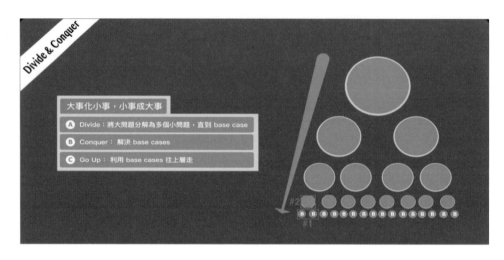

同樣道理，右邊兩個 Base Case（下圖 #1）也解掉之後，也能解開上一層的問題（下圖 #2）。

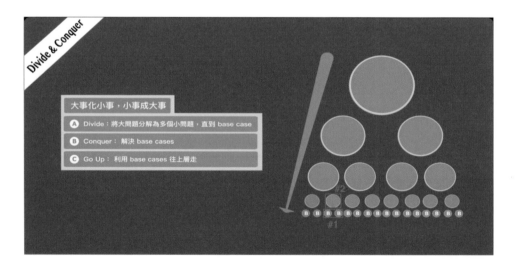

而當我們拿到這一層的兩個問題的結果（下圖 #1）之後，一樣利用它們去解決更上一層的問題（下圖 #2）。

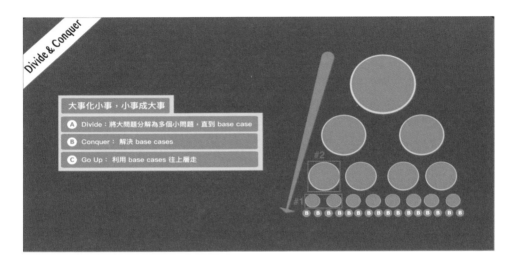

　　所以後續也都是這樣，一層一層往上解決問題（如下圖 #1 的箭頭表示），從最底層的 Base Case 開始解，利用下層的解去解上層的問題，一路往上解題，直到解開最大的問題為止（下圖 #2）。

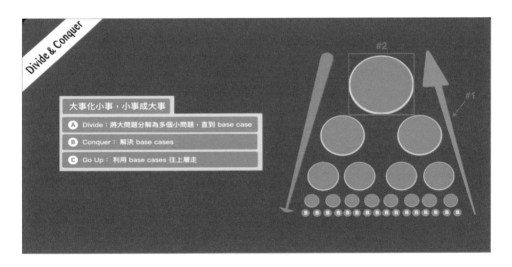

4-7-4 小結

以上是針對 Divide and Conquer 演算法策略的概念介紹，後續將透過實際例子以及程式碼，來實作這個演算法策略。

4-8 分治法（Divide & Conquer）：河內塔經典題

4-8-1 前言

本節要來進行 Divide and Conquer 的實際練習。這次我們將利用一個著名的演算法「河內塔」案例，幫助我們更進一步理解什麼叫做 Divide and Conquer。我們一樣會用到 Divide and Conquer 的三個要件：

- **Divide**：將大問題不斷地分解成多個小問題，直到到了 Base Case（下圖 #1）
- **Conquer**：解決 Base Case（下圖 #2），拿到 Base Case 的結果之後，就開始一路往上解決問題，利用 Base Case 去解決更上層的問題們（下圖 #3）。

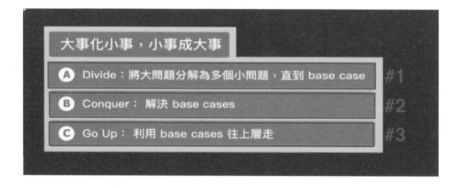

4-8-2　河內塔（Hanoi Tower）介紹

　　所謂的「河內塔」就像下圖 #1 顯示的三個柱子。以最左邊的柱子當作起點，而柱子上有幾個圓盤，由大到小從下面往上疊。我們的目標就是要把最左邊柱子上所有的盤子，全部移到最右邊的柱子。但是移動過程中有一個限制：不能出現小的圓盤在大的圓盤下面的狀況，如下圖 #2 表示這樣，這種狀況是不允許的，我們必須要避免。

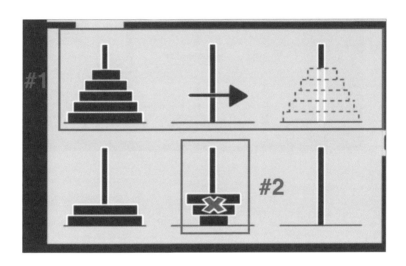

4-8-3　河內塔：基底問題（Base Case）定義

　　了解河內塔的目的以及它的限制之後，接下來就來看如何把這個初始問題拆解成多個小問題，一直拆到 Base Case。首先我們來看到 Base Case 的部分：Base Case 就是當圓盤只剩下一個的時候。

比如說下圖 #1 這樣的情況，當三個柱子中只剩下一個圓盤，我們的目的地要將這個圓盤移到最右邊的柱子上。那就直接把它移過去，如下圖 #2 所表示這樣。而這個就是 Base Case。所謂的 Base Case 都會長得像這樣，它的規模被簡化到一個非常小的程度，小到可以輕易解決。

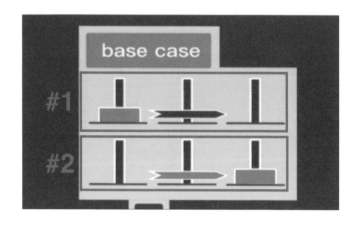

4-8-4　河內塔：子問題（Sub-Problem）定義

在找出 Base Case 之後，再往 Base Case 的上一層問題看過去，找出子問題（Sub-Problem）。我們利用有兩個圓盤的狀況來介紹這個子問題，如下圖所表示，假設現在要把最左邊柱子上的兩個圓盤全部移到最右邊柱子上，要怎麼移呢？

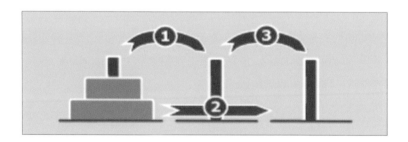

首先我要把最底層的盤子（下圖 #1）移過去到最右邊的柱子上（下圖 #2），但發現要移的時候被卡住了。為什麼？因為最底層的盤子（下圖 #1）上還有一個盤子（下圖 #3）。

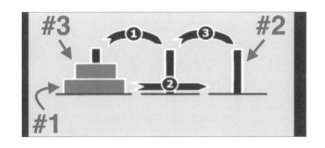

所以為了讓藍色的底層盤子（下圖 #1）可以移到最右邊的柱子，必須先把上面橘色的盤子（下圖 #2）移到一個中繼站，把空間空出來才可以。所以第一步就是把橘色的盤子（下圖 #2）移到中間，移動完成之後三根柱子的狀態如下圖 #3 所表示。

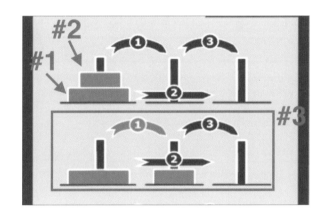

位置空出來之後進行第二步，把藍色的盤子（下圖 #1）移到最右邊的柱子（下圖 #2）。移動完成之後，三個柱子的狀態如下圖 #3 所表示。

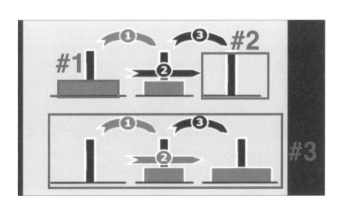

好了之後，我們進行第三步。因為原本的目的就是把最左邊柱子上全部的盤子移動到最右邊的盤子上，所以把中間橘色的盤子（下圖 #1）移到最右邊的柱子上（下圖 #2）。移動完成之後，三個柱子的狀態如下圖 #3 所表示。

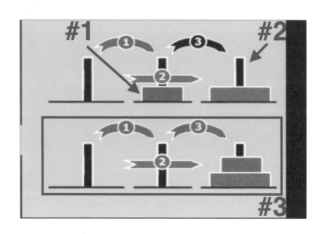

到這邊，我們就有了子問題（Sub-Problem）的定義。我們可以看到，在河內塔的所有問題上，它的步驟都會被簡化成三個步驟：

第一步，底層要移動到最右邊的柱子發現不行，所以先把上面的盤子移到中繼站，也就是中間的柱子上（下圖 #1）；

第二步，將最底層盤子移動到最右邊的柱子上（下圖 #2），

最後一步，再把中間柱子的盤子移到最右邊的柱子上（下圖 #3）。所以河內塔問題移動盤子的過程都會透過這三個步驟來移動。

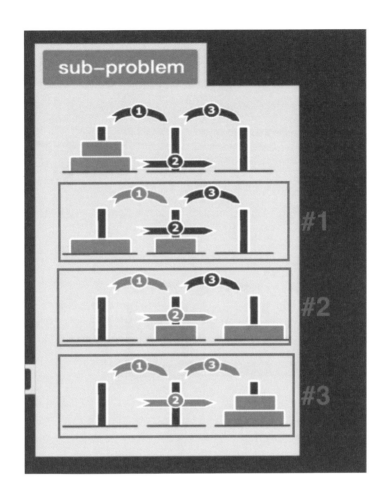

4-8-5　河內塔：分治法的拆解模式

　　了解子問題（Sub-Problem）之後，我們來看一下，更大的問題是怎麼拆解成子問題，以及是如何利用子問題的解來解上一層更大的問題。

假設有一個四個盤子的情境，如下圖。我要把下圖 #1 這四個盤子全部移到最右邊的柱子。我們要用什麼樣的視角來看這個狀況呢？首先，我們把最下面的盤子看成底盤（下圖 #1 藍色的盤子），底盤上面所有的盤子們會被我們視為一體（下圖 #1 橘子的盤子們），它們全部代表一個單一概念：也就是上層的盤子。儘管這次問題的規模比較大，要做的事情的步驟都還是和子問題一模一樣。

　　那麼，接下來要把底層的盤子（下圖 #1 所指的藍色盤子）移到最右邊的柱子，但是前提是底層盤子上面所有的盤子（下圖 #2 所指的三個橘色盤子）要先到中間的柱子。那就可以把視角縮小到底層上面所有盤子（圖 #2 所指的三個橘色盤子），將它們移動到中間的柱子，這也就是下一個要解決的子問題。

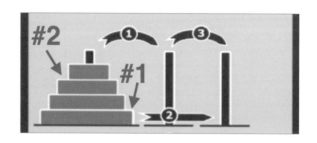

　　接下來要解決的子問題視角是這樣：底層盤子改成第三層的盤子（下圖 #2 所指的藍色盤子），而上層的盤子就是上面那些盤子（下圖 #1 所指的兩個橘色盤子）。這邊有一個非常重要的概念，在河內塔之中，所謂的絕對位置不是最重要的，反而更重要的是盤子的出發點、盤子的目的地、以及它的中繼站的相對位置。這個概念我們再多講解一下，我們可以看到，我們這一個以第三層盤子（下圖 #2 所指的藍色盤子）為底盤的動作，讓目的地變成中間這根柱子。為什麼呢？因為在上一步決定最下面的底盤（下圖 #3 所指灰色盤子）要移動到最右邊的柱子，但是必須先把底盤（下圖 #3 所指灰色盤子）上面全部盤子（下圖 #1 所指的兩個橘色盤子和 #2 所指的藍色盤子）都移到中間這個柱子。也因為這個需求，造成了下一個子問題的目的地現在是中間的柱子，然後中繼站是最右邊的柱子。

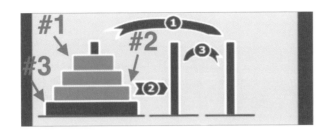

　我們會再一次發現，第三層的底盤（下圖 #1 中的藍色盤子）要過去，上面也有盤子（下圖 #1 中的橘色盤子）卡住。那既然這樣，我們視角就可以再往下縮，把目標變成兩個盤子（下圖 #2）。我們會發現子問題的目的，是移動最左邊柱子的兩個盤子（下圖 #2）到最右邊的柱子。而這個狀況就是之前說明子問題的情境，可以直接套用剛剛講的解決方法來解決這個問題。

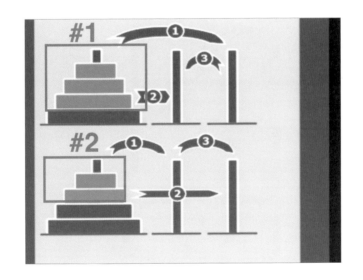

　在這邊，或許大家會真的想要把這些東西都拆解下去，那當然可以，這可以幫助我們理解。但如果用演算法思維來看的話，會發現儘管這些情境要移動的圓盤數量不同，但全部都可以拆解成子問題，而且會發現這些子問題長得一模一樣。只要把底層當作一個東西，底層上面全部的盤子當作一個上層，它就可以不斷的套用子問題的邏輯，一步一步的將大問題拆解。最後利用子問題以及 Base Case 的解來解決整個問題。

4-8-6 小結

以上是河內塔的介紹。未來可能時間過太久了，大家忘記河內塔要怎麼實作的時候，作者建議只要記住子問題的三個步驟。首先底盤要過去最右邊的柱子，發現被卡住。所以我們第一步是什麼？

上層到中繼站（下圖 #1），底層去目的地（下圖 #2），在中繼站的上層再到目的地（下圖 #3）。下一節我們就要來實作河內塔的解法。程式碼會很優美，是一個還蠻漂亮的實作。

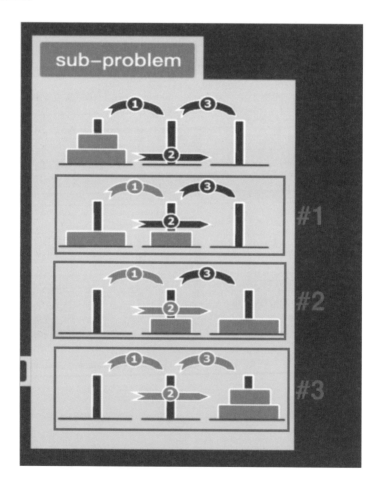

4-9 分治法（Divide & Conquer）：河內塔（Hanoi Tower）程式碼實作

4-9-1 前言

本節要來示範使用 Devide and Conquer 策略進行河內塔的程式實作。

4-9-2 河內塔實作 I：狀態初始化

因為河內塔有三個塔，所以我們先宣告三個空陣列分別是 pillar_A（下圖 #1）、pillar_B（下圖 #2）以及 pillar_C（下圖 #3），分別代表河內塔中最左邊的塔（pillar_A）、中間的塔（pillar_B）以及最右邊的塔（pillar_C）。

```
1   pillar_A = []  ←——— #1
2   pillar_B = []  ←——— #2
3   pillar_C = []  ←——— #3
4
5   if __name__ == "__main__":
```

接著，初始化河內塔的狀態，我們先在 pillar_A 放上 5 個盤子，這裡我們使用 append()，來操作放盤子的動作。

使用 5 次 append() 方法將 5 個盤子放在 pillar_A 上（下圖 #1），數字越大代表柱子的底盤越大，這裡我們將 pillar_A、pillar_B 以及 pillar_C 視為 Stack，利用其「後進先出」的特性，亦即讓這三個陣列，在加入盤子時，只能加到最上層；取出盤子時，也只能取最上面盤子的特性。所以 pillar_A 放完盤子後，就有五個盤子在上面，值為 [5, 4, 3, 2, 1]，陣列越左邊代表越底層，越右邊代表越上層，所以這個 Stack 就代表 pillar_A 的盤子，由下到上的盤子大小是由大到小排列。

```
1   pillar_A = []
2   pillar_B = []
3   pillar_C = []
4
5   if __name__ == "__main__":
6       # initialization          #1
7       pillar_A.append(5)
8       pillar_A.append(4)
9       pillar_A.append(3)
10      pillar_A.append(2)
11      pillar_A.append(1)
12
```

等一下我們需要使用到盤子的總層數，在這個例子中，就是 pillar_A 的 size，所以我們把 pillar_A 的長度儲存在 layer 這個變數中（下圖 #1），以便待會做使用。

```
1   pillar_A = []
2   pillar_B = []
3   pillar_C = []
4
5   if __name__ == "__main__":
6       # initialization
7       pillar_A.append(5)
8       pillar_A.append(4)
9       pillar_A.append(3)
10      pillar_A.append(2)
11      pillar_A.append(1)
12
13      layer = len(pillar_A)    #1
```

接著呼叫一個還沒實作的方法 hanoi，然後把 layer、pillar_A、pillar_B 以及 pillar_C 當作參數傳進這個方法裡面（下圖 #1）。稍後，我們將會實作 hanoi 方法，

在這個方法裡面使用 Divide and Conquer 的策略，來將 pillar_A 的所有盤子，依照河內塔的規則移動到 pillar_C 上。

```
1   pillar_A = []
2   pillar_B = []
3   pillar_C = []
4
5   if __name__ == "__main__":
6       # initialization
7       pillar_A.append(5)
8       pillar_A.append(4)
9       pillar_A.append(3)
10      pillar_A.append(2)
11      pillar_A.append(1)
12
13      layer = len(pillar_A)
14
15      # Divide & Conquer
16      hanoi(layer, pillar_A, pillar_B, pillar_C) #1
```

最後我們呼叫一個 input() 方法（下圖 #1），並且在這一行加上一個中斷點（下圖 #2），因為最後執行程式的時候，會需要停在這個地方檢視 pillar_A、pillar_B 以及 pillar_C 這三根柱子的狀態，來看看盤子有沒有成功從 pillar_A 轉移到 pillar_C 而且盤子的順序是正確的。

```
1   pillar_A = []
2   pillar_B = []
3   pillar_C = []
4
5   if __name__ == "__main__":
6       # initialization
7       pillar_A.append(5)
8       pillar_A.append(4)
9       pillar_A.append(3)
10      pillar_A.append(2)
11      pillar_A.append(1)
12
13      layer = len(pillar_A)
14
15      # Divide & Conquer
16      hanoi(layer, pillar_A, pillar_B, pillar_C)
#2 17
18      input() #1
```

4-9-3　河內塔實作 II：遞迴方法實作

接下來實作 hanoi() 方法，首先宣告 hanoi() 方法以及它的參數，我們總共要傳入 4 個參數到這個方法裡面：分別是 layer（下圖 #1）代表當下要移動的盤子層數、pillar_from（下圖 #2）代表當下要移動盤子所在的柱子、pillar_mid（下圖 #3）代表當下移動盤子所使用的中繼站柱子、以及 pillar_to（下圖 #4）代表當下移動盤子要到達的目的地。

```
1   pillar_A = []
2   pillar_B = []
3   pillar_C = []      #1      #2          #3              #4
4
5   def hanoi(layer, pillar_from, pillar_mid, pillar_to):
6
7   if __name__ == "__main__":
8       # initialization
```

首先，把主要目的定義出來，第一步是從 pillar_from 的柱子取出一個盤子，然後使用一個變數 plate 去接這個盤子（下圖 #1），接著把這個盤子放到目的地的柱子，也就是 pillar_to，這裡使用 append() 方法把 plate 放到 pillar_to 這個柱子上（下圖 #2）。

```
5   def hanoi(layer, pillar_from, pillar_mid, pillar_to):
6
7       # main target                        #1
8       plate = pillar_from.pop()
9       pillar_to.append(plate)      #2
10
```

但我們會發現要移動 pillar_from 盤子的時候（下圖 #1），這個盤子有可能會被上面的盤子擋住。因此，我們要在移動盤子之前，先把要移動盤子的「上層的所有盤子」先移動到中繼站。在實作方面，我們使用遞迴的方式呼叫 hanoi 方法，去完成這個動作（下圖 #2）。

這次方法呼叫中，需要傳入的參數有 layer - 1（下圖 #3）代表當下要移動的盤子層數，這邊 - 1 代表將視角往上移一層、pillar_from（下圖 #4）代表要移動上層盤

子的起點、pillar_to（下圖 #5）是原本要移動盤子的目的地，但是因為這個遞迴呼叫目的，是要將上層盤子從 pillar_from 移動到 pillar_mid，來為原本這層的盤子空出位置，因此將原本這層的 pillar_to 當作中繼站，再將原本這層的 pillar_mid 當作上層盤子的目的地（下圖 #6）。所以可以看到，hanoi() 方法實作現在有兩個部分，第一步是將最底層盤子「上面的所有盤子」移動到中繼站（下圖 #2）；第二步才是將最底層的盤子移動到目的地（下圖 #1）。

```
5    def hanoi(layer, pillar_from, pillar_mid, pillar_to):
6                         #4          #5              #6
7    #2   # step01: move the above plateto the pillar_mid, to clear the room for the plate below
8         hanoi(layer - 1, pillar_from, pillar_to, pillar_mid)
9                    #3
10        # step02: main target
11        plate = pillar_from.pop()    #1
12        pillar_to.append(plate)
13
```

接下來我們又要在第二步（下圖 #1）後面，遞迴呼叫 hanoi() 方法，來將目前在中繼站的「所有上層盤子」，移動到最後目的地（下圖 #2）。傳入這次遞迴呼叫方法的參數有：layer - 1（下圖 #3）代表目前視角在中繼站的上層盤子，這邊 - 1 代表將視角往上移一層、pillar_mid（下圖 #6）代表這次遞迴呼叫要移動的上層盤子的起點柱子、pillar_from（下圖 #4）代表這次遞迴呼叫要移動的上層盤子的中繼站、以及 pillar_to（下圖 #5）代表這次遞迴呼叫中要移動的上層盤子的目的地。簡單來說，原本這些上層盤子已經從 pillar_from 移動到 pillar_mid，並在空出位置去完成本層盤子移動後（下圖 #1），現在要把他們從 pillar_mid 移動到原本的最終目的地 pillar_to（下圖 #2）。

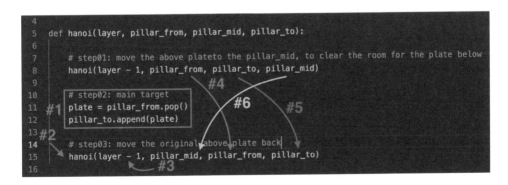

到這裡我們會發現 hanoi() 方法是一直透過遞迴呼叫重複三個步驟。第一步，將起點底層盤子的「所有上層盤子」移動到「中繼站」（下圖 #1）；第二步，將起點「底層盤子」移動到「目的地」（下圖 #2）；第三步，將「所有上層盤子」移動到「目的地」（下圖 #3）。

```python
5   def hanoi(layer, pillar_from, pillar_mid, pillar_to):
6
7       # step01: move the above plateto the pillar_mid, to clear the room for the plate below
8       hanoi(layer - 1, pillar_from, pillar_to, pillar_mid)          #1
9
10      # step02: main target
11      plate = pillar_from.pop()                    #2
12      pillar_to.append(plate)
13
14      # step03: move the original above plate back
15      hanoi(layer - 1, pillar_mid, pillar_from, pillar_to)      #3
16
```

那這些遞迴呼叫什麼時候結束呢？結束的時機點就是 layer 等於 0 的時候（下圖 #1），也就代表沒有盤子需要移動的時候，我們就可以結束方法的呼叫，直接從方法裡面 return 出去（下圖 #1）。

```python
5   def hanoi(layer, pillar_from, pillar_mid, pillar_to):
6       if layer == 0:
7           return          #1
8
9       # step01: move the above plateto the pillar_mid, to clear the room for the plate below
10      hanoi(layer - 1, pillar_from, pillar_to, pillar_mid)
11
12      # step02: main target
13      plate = pillar_from.pop()
14      pillar_to.append(plate)
15
16      # step03: move the original above plate back
17      hanoi(layer - 1, pillar_mid, pillar_from, pillar_to)
18
```

4-9-4 河內塔實作 III：基底問題（Base Case）定義

　　接下來要知道的是我們使用的 Divide and Conquer 策略的 base case，也就是 layer = 1 的情境。當 layer = 1 的時候作為參數（下圖 #1）傳入方法中時，第一步遞迴呼叫 hanoi() 方法時（下圖 #2），會傳入 layer - 1 進入這個遞迴方法呼叫（下圖 #3），所以下圖 #2 的遞迴方法呼叫的方法執行會直接走進 layer = 0 的條件裡面，直接 return（下圖 #4），造成下圖 #2 的遞迴方法直接結束。再來，進行第二步將起點「底層盤子」移動到「目的地」柱子的操作（下圖 #5）。接著，進行第三步的遞迴方法呼叫（下圖 #6），然後一樣傳入 layer - 1 進入到這個遞迴方法中（下圖 #7），所以下圖 #6 的遞迴方法也會走進 layer = 0 的條件裡面，直接 return（下圖 #4），導致下圖 #6 的遞迴方法呼叫會直接結束。簡單來說，在 layer = 1 的時候，我們將只會執行一次將起點「底層盤子」移動到「目的地」柱子的操作（下圖 #5），這也就是我們的 base case 狀況，後續更高層的問題都會利用此 base case 來一一解決。

```
4
5   def hanoi(layer, pillar_from, pillar_mid, pillar_to):        #1
6       if layer == 0:        #4
7           return
8       # base case : when layer == 1, it's our base case
9
10      # step01: move the above plate to the pillar_mid, to clear the room for the plate below
11      hanoi(layer - 1, pillar_from, pillar_to, pillar_mid)        #2
12                      #3
13      # step02: main target
14      plate = pillar_from.pop()        #5
15      pillar_to.append(plate)
16
17      # step03: move the original above plate back
18      hanoi(layer - 1, pillar_mid, pillar_from, pillar_to)        #6
19              #7
```

4-9-5　河內塔實作 IV：程式執行和結果驗證

到這裡我們就完成河內塔 hanoi() 方法的實作，最後就來執行程式驗證結果，也就是去看 pillar_A 的盤子是否能夠被移動到 pillar_C 的柱子上，並且是由下到上、由大到小的順序堆疊。

執行程式後，可以看到當程式執行到中斷點的時候（下圖 #1），pillar_A 的初始盤子們（下圖 #2），已經全部移動到 pillar_C 上面了（下圖 #3），並且順序是由底層到上層，由大到小的排序（下圖 #4）：index 0 代表最底層，index 4 代表最上層，index 0 的盤子大小為 5，index 4 的盤子大小為 1，是我們要的排序，這代表我們實作的 hanoi() 方法，已經成功將盤子以正確的方式從起點移動到目的地了！

4-9-6　小結

　　我們可以看到，hanoi() 方法實作中只有少少幾行程式碼，就能夠透過 Divide and Conquer 的技巧與遞迴呼叫的實作方式，將河內塔的多個盤子以符合規則的方式從起點移動到目的地。關鍵就是不停地透過遞迴呼叫傳入 layer - 1 的方式（下圖 #1 以及 #2），將問題縮減到移動 layer - 1 上層盤子的問題，直到遇到 layer = 1 的 base case 輕鬆解決（下圖 #3），達到 Divide and Conquer 透過解決每個 base case 來解決整體問題的效果，最後完成全部盤子的移動。

```
4
5    def hanoi(layer, pillar_from, pillar_mid, pillar_to):
6        if layer == 0:
7            return
8        # base case : when layer == 1, it's our base case #3
9
10       # step01: move the above plateto the pillar_mid, to clear the room for the plate below
11       hanoi(layer - 1, pillar_from, pillar_to, pillar_mid)
12                                                          #1
13       # step02: main target
14       plate = pillar_from.pop()
15       pillar_to.append(plate)
16
17       # step03: move the original above plate back
18       hanoi(layer - 1, pillar_mid, pillar_from, pillar_to)
19            #2
```

　　如果這是你第一次使用遞迴方式實作 hanoi() 方法的話，很可能會有一些不好理解的步驟，這時候建議透過帶入一些初始值來執行 hanoi() 方法，並透過 debug mode 執行程式，去看看每一步的執行方法會如何被呼叫，以及盤子會如何移動，來加深理解程式為什麼會這樣寫。

　　以上是河內塔程式實作的內容，這是個非常有趣的實作單元，大家可以動手自己也寫寫看。（附上完整 Python 程式碼）

4-9-7　完整程式碼

```python
pillar_A = []
pillar_B = []
pillar_C = []

def hanoi(layer, pillar_from, pillar_mid, pillar_to):
    if layer == 0:
        return

    # base case : when layer == 1, it's our base case

    # step01: move the above plate to the pillar_mid, to clear the room for the
plate below
    hanoi(layer - 1, pillar_from, pillar_to, pillar_mid)

    # step02: main target
    plate = pillar_from.pop()
    pillar_to.append(plate)

    # step03: move the original above plate back
    hanoi(layer - 1, pillar_mid, pillar_from, pillar_to)

if __name__ == "__main__":
    pillar_A.append(5)
    pillar_A.append(4)
    pillar_A.append(3)
    pillar_A.append(2)
    pillar_A.append(1)

    layer = len(pillar_A)

    # Divide & Conquer
    hanoi(layer, pillar_A, pillar_B, pillar_C)
```

從零搞懂演算法：12種演算法＋6種資料結構，超圖解入門

實戰篇 面試白板題：
媽，我錄取了！

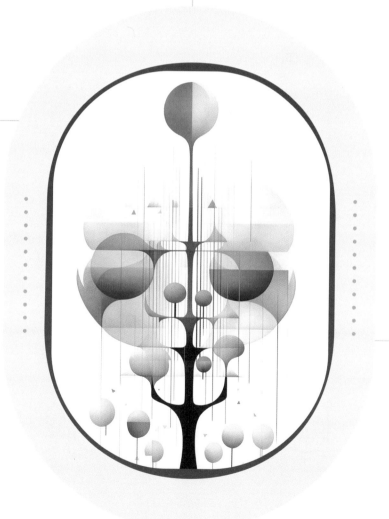

Apple 白板題：Linked List & 後序 遍歷 觀念運用

5-1-1　前言

本節要介紹一題 LeetCode: Add Two Numbers，這個題目是 Apple 公司面試的高頻題目之一，讀者可到此 LeetCode 連結進到題目的網站：https://leetcode.com/problems/add-two-numbers/。

5-1-2　題目介紹

這題的來源是兩個 Linked Lists，這兩個 Linked Lists 都代表著「倒過來的數字」，什麼意思呢？比如說下圖有兩個 Linked List，分別是 2 -> 4 -> 3（下圖 #1），這個 Linked List 代表的「倒過來的數字」是 342；另一個 Linked List 為 5 -> 6 -> 4（下圖 #2），這個 Linked List 代表的「倒過來的數字」是 465。接著，題目要求將兩個來源的 Linked Lists 代表的數字相加之後，再使用第三個 Linked List 表示相加之後的數字，並且要求回傳的 Linked List 也代表一個倒過來的數字。在這例子中，我們的輸出為 342 + 465 = 807 這個數字，使用倒過來表示的 Linked List 則為 7 -> 0 -> 8（下圖 #3）。

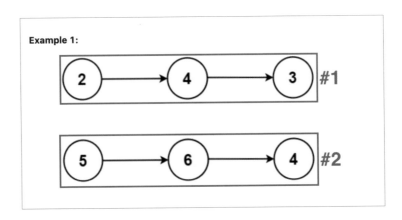

Example 1:

從零搞懂演算法：12 種演算法＋6 種資料結構，超圖解入門

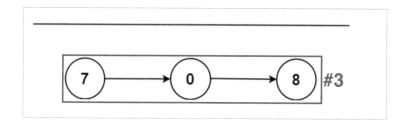

再看到另一個例子，當兩個傳入的 Linked List 都只有 0 這個數字的話（下圖 #1 以及 #2），兩個 Linked List 相加的結果也只有 0 這個數字，也就只需回傳只有 0 的 Linked List（下圖 #3），以上就是題目的說明。

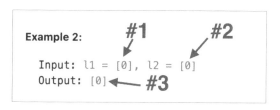

5-1-3　解題思路一：使用「Stack」的可能性

因為這題需要把 Linked List 的數字倒著看，因此可以考慮使用 Stack，將 Linked List 的 Node 節點從起點到終點依序裝進 Stack，接著再利用 Stack「後進先出」的特性，將 Stack 中的 Node 節點，一個一個 pop 出來組合出正確順序的數字。

比如說下圖這個 2 -> 4 -> 3 的 Linked List，先從起點到終點依序裝進 Stack，接著再使用 Stack 後進先出的特性，將 Stack 中的 Node 節點一個一個 pop 出來，最後數字順序就會是 342，也就是這個題目中 2 -> 4 -> 3 這個 Linked List 真正代表的數字。

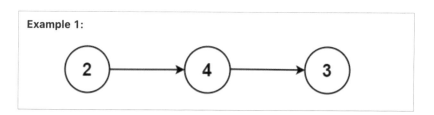

5-1-4　解題思路二：使用「遞迴」的可能性

實作 Stack 的概念有許多方式，這邊可以考慮用遞迴方式來實現 Stack「後進先出」的概念。此外，遞迴也能給我們帶來更多操作彈性。

5-1-5　解題實作 I：遞迴方法→顛倒數字

我們主要的思路就是呼叫遞迴方法 __addTwoNumbers_helper()，傳入 l1 以及 l2 兩個參數，分別代表題目傳入的 Liked List 的數字串（下圖 #1 以及 #2），然後再將那兩個數字相加（下圖 #3），來取得最終數字。最後將最終數字轉化成題目要求的 Linked List 的形式，不過將答案數字轉換成 Linked List 的實作我們稍後再進行。

```
6   class Solution:
7       def addTwoNumbers(self, l1: Optional[ListNode], l2: Optional[ListNode]) -> Optional[ListNode]:
8
9           num1 = self.__addTwoNumbers_helper(l1)    ◀── #1
10          num2 = self.__addTwoNumbers_helper(l2)    ◀── #2
11          num3 = num1 + num2    ◀── #3
```

首先我們先宣告 __addTwoNumbers_helper() 方法（下圖 #1），這個方法會傳入一個參數 node（下圖 #2），也就是 Linked List 的節點。

```
6   class Solution:
7       def addTwoNumbers(self, l1: Optional[ListNode], l2: Optional[ListNode]) -> Optional[ListNode]:
8
9           num1 = self.__addTwoNumbers_helper(l1)
10          num2 = self.__addTwoNumbers_helper(l2)
11          num3 = num1 + num2
12
13  #1          # convert num3 to ListNode l3          #2
14
15      def __addTwoNumbers_helper(self, node):
16
```

每一輪方法呼叫都會遞迴呼叫自己 __addTwoNumbers_helper()（下圖 #1），並將下一個節點 node.next 傳進遞迴呼叫的方法中（下圖 #2）。

```
14
15      def __addTwoNumbers_helper(self, node):
16  #1
17          → self.__addTwoNumbers_helper(node.next)  #2
18
```

並且讓 __addTwoNumbers_helper() 方法，會在 node 節點等於 None 的時候 return 0 這個數字（下圖 #1）。

```
15      def __addTwoNumbers_helper(self, node):
16
17          if node == None:      #1
18              return 0
19
20          self.__addTwoNumbers_helper(node.next)
21
```

接著使用 num_previous 變數來儲存遞迴呼叫 __addTwoNumbers_helper() 方法的回傳值（下圖 #1）。

```
15      def __addTwoNumbers_helper(self, node):
16
17          if node == None:
18              return 0
19                              #1
20          num_previous = self.__addTwoNumbers_helper(node.next)
```

接下來就來實作主要邏輯的部分，__addTwoNumbers_helper() 方法的主要邏輯是將 num_previous * 10 之後，再加上當下方法中的 node 數字，最後將結果 return 出去。

```
15      def __addTwoNumbers_helper(self, node):
16
17          if node == None:
18              return 0
19
20          num_previous = self.__addTwoNumbers_helper(node.next)
21
22          # main logic
23          result = num_previous * 10          #1
24          result += node.val          #2
25
26          return result          #3
27
```

為什麼要這麼實作呢？這裡用 2 -> 4 -> 3 這個 Linked List 來當作傳入 __addTwoNumbers_helper() 方法的參數來做說明。

首先傳入的 node 參數是 Node 2（下圖 #1），因為 node 不等於 None，所以會遞迴呼叫自己（下圖 #2），並將 node.next 也就是 Node 4（下圖 #3），傳入遞迴呼叫的方法中（下圖 #2）。

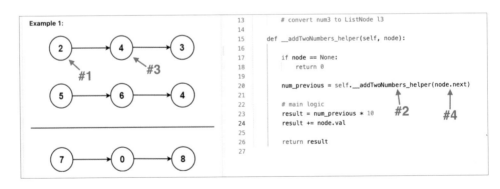

接著將視角進入到，傳入 Node 4（下圖 #1）到方法參數的方法呼叫中，在這一層方法呼叫 node 參數的值就是 Node 4（下圖 #1），所以 node 也不等於 None，因此繼續遞迴呼叫自己（下圖 #2），並將下一個 Node 3（下圖 #3）作為參數傳進遞迴呼叫的方法中（下圖 #4）。

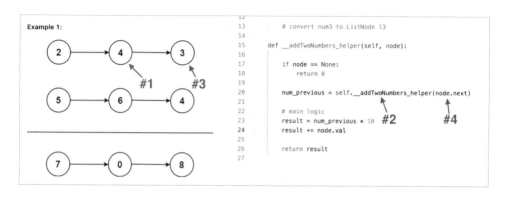

接著將視角進入到，傳入 Node 3（下圖 #1）到方法參數的方法呼叫中，在這一層方法呼叫 node 參數的值就是 Node 3（下圖 #1），所以 node 也不等於 None，因此繼續遞迴呼叫自己（下圖 #2），並將下一個 Node 傳進遞迴呼叫的方法中，而我們發現 Node 3（下圖 #1）是 Linked List 最後一個 Node，因此 Node 3 下一個節點 nodex.next 會是 None（下圖 #3），代表沒有任何東西。

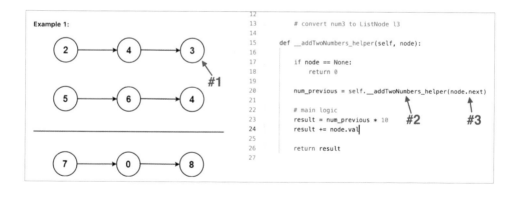

接著將視角進入到，傳入 None 到遞迴呼叫方法參數的方法呼叫中，到了這一層方法呼叫，我們發現 node 參數等於 None，因此就會進入到 if node == None 的條件中，這個方法呼叫直接回傳 return 0（下圖 #1），我們就會回到上一層 node 參數等於 Node 3（下圖 #2）的這一層方法呼叫中（下圖 #3）。

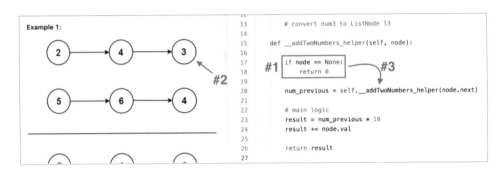

回到 node 參數等於 Node 3（下圖 #1）的方法呼叫後，因為第 20 行遞迴呼叫的方法回傳 0（下圖 #2），所以 num_previous 這個變數就等於 0，最後 result 就等於 num_previous 也就是 0 乘以 10 還是 0（下圖 #3）。再來，加上 node.val 也就是 3（下圖 #4），所以 result 等於 3，然後把 result 的值也就是 3 回傳到上一層方法呼叫（下圖 #5），也就是 node 參數等於 Node 4（下圖 #6）的方法呼叫。

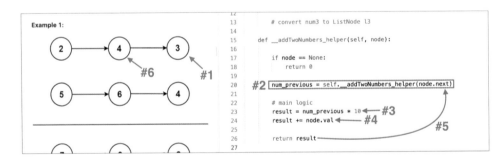

回到 node 參數等於 Node 4（下圖 #1）的方法呼叫後，因為第 20 行遞迴呼叫的方法回傳 3（下圖 #2），所以 num_previous 這個變數就等於 3，最後 result 就等於 num_previous，也就是 3 乘以 10 等於 30（下圖 #3）。再來，加上 node.val 也就是 4（下圖 #4），所以 result 等於 34，然後把 result 的值也就是 34 回傳到上一層方法呼叫（下圖 #5），也就是 node 參數等於 Node 2（下圖 #6）的方法呼叫。

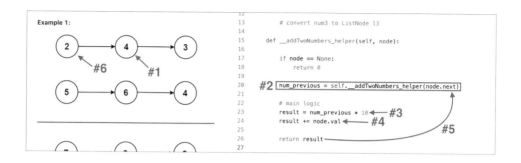

回到 node 參數等於 Node 2（下圖 #1）的方法呼叫後，因為第 20 行遞迴呼叫的方法回傳 34（下圖 #2），所以 num_previous 這個變數就等於 34，最後 result 就等於 num_previous，也就是 34 乘以 10 等於 340（下圖 #3），再來，加上 node.val 也就是 2（下圖 #4），所以 result 等於 342，然後把 result 的值也就是 342 回傳出去，因為沒有上一層方法了，因此最後這個方法呼叫的結果就是 342。

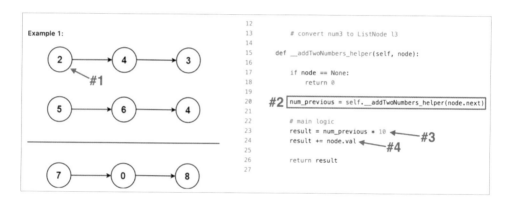

所以到這裡，我們就完成了 __addTwoNumbers_helper() 方法的實作。

這個方法讓我們可以取得 Liked List 代表的數字，所以我們可以呼叫 __addTwoNumbers_helper() 傳入題目給我們的 Linked List l1 和 l2，來取得這兩個 Linked List 代表的數字，並分別存在 num1 以及 num2 這兩個變數（下圖 #1 以及 #2），然後將這兩個數字相加得到我們要的答案，並將數字存在 num3 這個變數（下圖 #3）。最後，我們就只缺少將相加後的數字，轉換成題目要求的 LinkedList 的實作，就能夠解完這題了。

```
class Solution:
    def addTwoNumbers(self, l1: Optional[ListNode], l2: Optional[ListNode]) -> Optional[ListNode]:

        num1 = self.__addTwoNumbers_helper(l1)      ← #1
        num2 = self.__addTwoNumbers_helper(l2)      ← #2
        num3 = num1 + num2      ← #3

        # convert num3 to ListNode l3
```

5-1-6 解題實作 II：顛倒數字→Linked List

要將數字轉換成題目要求的 Linked List 格式的話，我們需要新建立一個 Dummy Node 節點，幫我們永遠指向開頭的 Node。首先，隨便給這個 Dummy Node 節點一個數字，這裡給 -1，並用一個變數 l3_dummy 來指向這個 Dummy Node 節點（下圖 #1）。接著，再宣告另一個變數 l3_temp 來指向 l3_dummy 這個變數所指向的 Node 節點，所以現在 l3_dummy 和 l3_temp 這兩個變數都指向同一個 Node 節點。

```
6   class Solution:
7       def addTwoNumbers(self, l1: Optional[ListNode], l2: Optional[ListNode]) -> Optional[ListNode]:
8
9           num1 = self.__addTwoNumbers_helper(l1)
10          num2 = self.__addTwoNumbers_helper(l2)
11          num3 = num1 + num2
12
13          # convert num3 to ListNode l3
14          l3_dummy = ListNode(-1)   ← #1
15          l3_temp = l3_dummy        ← #2
16
```

接著我們要建立一個 while True 的無限迴圈（下圖 #1），在這個迴圈中，每輪要做的事情就是利用 % 10 的運算。% 運算會回傳除法運算的餘數，比如說 72 % 10 的結果是 2，因為 72 除以 10 的餘數是 2，也就是說，% 運算就會取得餘數當作

結果回傳。我們要從 num3 取出個位數字，然後將這個個位數字使用 digit 這個變數儲存起來（下圖 #2），接著將 num3 的個位數字透過除以 10 的方式移除掉（下圖 #3），這樣下一輪就能夠再取出下一位數的個位數字。這裡要注意一點，可以看到下圖 #3 的 num3 / 10 使用 int() 包起來，這是因為在 Python 的機制中，整數做除法運算會被自動轉型成浮點數，所以這裡使用 int() 方法來做資料類別轉型，將除法運算的結果強制轉型成整數，統一我們運算的資料型態。

```
13          # convert num3 to ListNode l3
14          l3_dummy = ListNode(-1)
15          l3_temp = l3_dummy
16
17          while True:          #1
18
19              digit = num3 % 10          #2
20
21              num3 = int(num3 / 10)          #3
22
```

接著設定一個條件來跳脫這個 while 迴圈，條件就是當 num3 等於 0 的時候（下圖 #1），因為當 num3 等於 0 的時候，就等於 num3 所有的位數都已經被取出來了。我們以 342 這個數字當作 num3 的作為例子，第一輪我們將 2 取出放在 digit 變數中（下圖 #2），就將 342 除以 10 存到 num3 中（下圖 #3），所以 num3 變成 34；到了下一輪就取出 4 放到 digit 變數中（下圖 #2），再將 34 除以 10 存到 num3 中（下圖 #3），現在 num3 變成 3；再到下一輪就將 3 取出放在 digit 變數中（下圖 #2），接著將 3 除以 10 的結果也就是 0，放到 num3 變數中（下圖 #3），到這裡我們已經將 342 數字中所有數字，從最右邊的位數到最左邊的位數依序取完了：2 -> 4 -> 3，所以到下一輪就能夠跳脫 while 迴圈，而跳脫的方式就是檢查 num3 的是否為 0，作為我們數字是否全部取完的判斷（下圖 #1）。

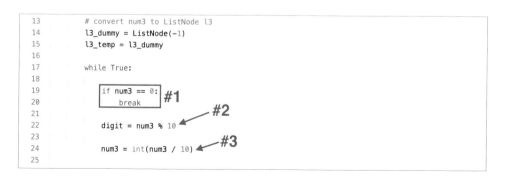

最後要做的，就是將 while 迴圈每輪取得的 num3 的個位數字，也就是 digit 變數存的值放入一個 Node 節點，然後將每輪建立的 Node 節點連接起來變成一個 Linked List，而這個 Linked List 就是我們要的答案。所以我們要做的事情就是建立一個 ListNode 節點，List Node 是題目給我們的現有 Class，可儲存值 val 以及下個節點 next（如下圖）。

```
/**
 * Definition for singly-linked list.
 * public class ListNode {
 *     int val;
 *     ListNode next;
 *     ListNode() {}
 *     ListNode(int val) { this.val = val; }
 *     ListNode(int val, ListNode next) { this.val = val; this.next = next; }
 * }
 */
```

因此，將 digit 的數字讓入此 ListNode 節點（下圖 #1），並把此 ListNode 節點設定成 l3_temp 指向下一個 Node 節點（下圖 #2），接著我們將 l3_temp 指向 l3_tempt.next（下圖 #3），也就是 l3_temp 指向的下一個 Node 節點，以此類推這樣 while 迴圈跑完之後，就會產生一個起點為 ListNode(-1)，後面接上 num3 由右到左數字的 Linked List，假如 num3 的值等於 342，第一輪迴圈結束後 l3_dummy 指向的 Linked List 會長這樣 -1 -> 2，下一輪會是 -1 -> 2 -> 4。再到 while 迴圈結束後，產出的 Linked List 會長這樣：-1 -> 2 -> 4 -> 3。

```
13      # convert num3 to ListNode l3
14      l3_dummy = ListNode(-1)
15      l3_temp = l3_dummy
16
17      while True:
18
19          if num3 == 0:
20              break
21
22          digit = num3 % 10              #2
23
24          l3_temp.next = ListNode(digit) #1
25          l3_temp = l3_temp.next         #3
26
27          num3 = int(num3 / 10)
28
```

所以最後 return l3_dummy.next（下圖 #1），因為 l3_dummy.next 指向為 2 -> 4 -> 3，也就完成實作了。

```
13          # convert num3 to ListNode l3
14          l3_dummy = ListNode(-1)
15          l3_temp = l3_dummy
16
17          while True:
18
19              if num3 == 0:
20                  break
21
22              digit = num3 % 10
23
24              l3_temp.next = ListNode(digit)
25              l3_temp = l3_temp.next
26
27              num3 = int(num3 / 10)
28
29          return l3_dummy.next  #1
30
```

接下來就將答案 submit 出去（下圖 #1），結果發現有一個特例沒有處理到，所以出錯了（下圖 #2）。

這個特例就是當 l1 和 l2 都是只有 0 這個 Node 的時候，這個時候 num3 就等於 0，所以 while 迴圈會直接跳出（下圖 #1），因此要加入一個 if 判斷式來處理這個 case，讓 num3 等於 0 的時候，直接回傳 ListNode(0)（下圖 #2），以符合題目的類別要求。

```python
# Definition for singly-linked list.
# class ListNode:
#     def __init__(self, val=0, next=None):
#         self.val = val
#         self.next = next
class Solution:
    def addTwoNumbers(self, l1: Optional[ListNode], l2: Optional[ListNode]) -> Optional[ListNode]:

        num1 = self.__addTwoNumbers_helper(l1)
        num2 = self.__addTwoNumbers_helper(l2)
        num3 = num1 + num2

        if num3 == 0:                      #2
            return ListNode(0)

        # convert num3 to ListNode l3
        l3_dummy = ListNode(-1)
        l3_temp = l3_dummy

        while True:

            if num3 == 0:                  #1
                break

            digit = num3 % 10

            l3_temp.next = ListNode(digit)
            l3_temp = l3_temp.next

            num3 = int(num3 / 10)

        return l3_dummy.next
```

當我們再 submit 一次答案之後，會發現又出現錯誤，這次是因為遇到 overflow 的情況，原因是 l1 的 Linked List 代表的數字可能非常大（下圖 #1），超過了程式可以使用數值的上限，所以造成程式運算錯誤。接下來要使用一個強大的方法來解決這個問題，也就是「使用字串來代表數字」。

5-1-7　進階解題技巧：使用字串代表數字

接下來我們要改造 __addTwoNumbers_helper() 方法（下圖 #1）讓這個方法能夠回傳字串，首先要改的地方是 if (node == None) 的地方（下圖 #2），原本回傳 0 現在改成回傳空字串（下圖 #3）。

接著因為 __addTwoNumbers_helper() 方法（下圖 #1）回傳的是字串了，所以 num_previous 的值就變成一個字串，因此原本 num_previous * 10 再加上 node.val 的數字運算就要刪除（下圖 #2），並且使用下圖 #3 的運算取代掉 #2 這兩行。下圖 #3 做的事情就是將 num_previous 的字串加上 node.val 的字串，在這裡因為 node.val 的值是數字，所以使用 str() 來強制轉型，而這個運算結果就等同於將 num_previous 往左邊推一個位數，並加上 node.val 的數字，比如說 num_privious 等於 "1"，而 node.val 的值是 2，字串 "1" 加上 "2" 的字串，就會變成 "12"，結果就等同於 num_previous 的數字乘以 10 再加上 node.val 的結果數字，不過整個過程改用字串形式進行。結論就是，我們可以使用下圖 #3 這行程式碼，來取代下圖 #2 的兩行程式碼，去維持原本的程式邏輯。

```
34      def __addTwoNumbers_helper(self, node):
35
36          if node == None:
37              return ""
38
39          num_previous = self.__addTwoNumbers_helper(node.next)  #1
40
41          # main logic
42          result = num_previous + str(node.val)  ← #3
43
44          result = num_previous * 10    #2
45          result += node.val
46
47          return result
48
```

改造好的 __addTwoNumbers_helper() 方法如下圖。

```
33
34        def __addTwoNumbers_helper(self, node):
35
36            if node == None:
37                return ""
38
39            num_previous = self.__addTwoNumbers_helper(node.next)
40
41            # main logic
42            result = num_previous + str(node.val)
43
44            return result
45
```

接下來回頭最上層 addTwoNumbers() 實作的部分，我們會發現 num1（下圖 #1）和 num2（下圖 #2）的值，都因為 __addTwoNumbers_helper() 方法回傳值變成字串的關係，都變成字串了，所以我們不能夠再使用兩數直接相加的方式取得兩數相加的結果（下圖 #3），所以要把下圖 #3 刪除，並將 #4 的區塊刪除，要改寫兩數相加的方式。

```
6   class Solution:
7       def addTwoNumbers(self, l1: Optional[ListNode], l2: Optional[ListNode]) -> Optional[ListNode]:
8
9           num1 = self.__addTwoNumbers_helper(l1)  ←──── #1
10          num2 = self.__addTwoNumbers_helper(l2)  ←──── #2
11          num3 = num1 + num2  ←──── #3
12
13          if num3 == 0:
14              return ListNode(0)       #4
15
16          # convert num3 to ListNode l3
17          l3_dummy = ListNode(-1)
18          l3_temp = l3_dummy
19
20          while True:
21
22              if num3 == 0:
23                  break
24
25              digit = num3 % 10
26
27              l3_temp.next = ListNode(digit)
28              l3_temp = l3_temp.next
29
30              num3 = int(num3 / 10)
31
32          return l3_dummy.next
33
```

接下來要做的事情就是將 num1 和 num2 的數字，以位數為單位，一個位數一個位數的相加，來計算出 num1 以及 num2 兩者相加的數字，透過這樣的方式來避免遇到 overflow 的情況。首先，我們宣告兩個變數，分別是 i_num1 以及 i_num2（下圖 #1），分別代表 num1 字串的最後一個字元的位置，以及 num2 字串的最後一個字元的位置。我們將在 while 迴圈中每輪使用這兩個變數，從 num1 以及 num2 字串的最尾端來取字元，代表每輪取出 num1 和 num2 的個位數字，然後將這兩個數字相加。然後在 while 迴圈中，每輪都將 i_num1 以及 i_num2 減 1 代表往左邊位數的字元移動（下圖 #2）。

```python
 6  class Solution:
 7      def addTwoNumbers(self, l1: Optional[ListNode], l2: Optional[ListNode]) -> Optional[ListNode]:
 8
 9          num1 = self.__addTwoNumbers_helper(l1)
10          num2 = self.__addTwoNumbers_helper(l2)
11
12          # convert num3 to ListNode l3
13          l3_dummy = ListNode(-1)
14          l3_temp = l3_dummy
15
16          i_num1 = len(num1) - 1    #1
17          i_num2 = len(num2) - 1
18
19          while True:
20
21              i_num1 -= 1    #2
22              i_num2 -= 1
23
24              if num3 == 0:
25                  break
26
27              digit = num3 % 10
28
29              l3_temp.next = ListNode(digit)
30              l3_temp = l3_temp.next
31
32              num3 = int(num3 / 10)
33  |
34          return l3_dummy.next
35
```

接下來，我們新增一個跳脫 while 迴圈的條件，也就是當 i_num1 以及 i_num2 都小於 0 的時候就跳脫迴圈（下圖 #1）。

```
 5  #          self.next = next
 6  class Solution:
 7      def addTwoNumbers(self, l1: Optional[ListNode], l2: Optional[ListNode]) -> Optional[ListNode]:
 8
 9          num1 = self.__addTwoNumbers_helper(l1)
10          num2 = self.__addTwoNumbers_helper(l2)
11
12          # convert num3 to ListNode l3
13          l3_dummy = ListNode(-1)
14          l3_temp = l3_dummy
15
16          i_num1 = len(num1) - 1
17          i_num2 = len(num2) - 1
18
19          while True:
20
21              if i_num1 < 0 and i_num2 < 0:      #1
22                  break
23
24              i_num1 -= 1
25              i_num2 -= 1
26
27              if num3 == 0:
28                  break
29
30              digit = num3 % 10
31
32              l3_temp.next = ListNode(digit)
33              l3_temp = l3_temp.next
34
35              num3 = int(num3 / 10)
36
37          return l3_dummy.next
38
```

接下來，實作從 num1 和 num2 字串中，取得最後一個字元並轉成數字進行運算的部分，這個部分我們有 3 種狀況要處理，首先處理第一種情況，也就是 i_num1 和 i_num2 都大於等於 0 的情況（下圖 #1）。

在這個情況下我們先直接從 num1 和 num2 的尾端，各自取得一個字元，然後分別存到 c1 以及 c2 這兩個變數中（下圖 #2）。接著將 c1 和 c2 的字元型態變成數字，這樣才能夠做數字相加的運算。將字元變成數字的方式，就是將數字字元的 ASCII 碼減去 '0' 這個字元的 ASCII 碼，這樣就能夠得到數字字元的數字。在這邊我們利用 Python 的 ord() 方法，分別取得 c1 和 c2 的 ASCII 碼，再讓 c1 和 c2 的 ASCII 碼分別和 '0' 的 ASCII 碼相減，這樣我們就能夠得到 c1 和 c2 字元所代表的數字的值，再將它們做相加，得到 num3 的值（下圖 #3）。

```python
 6    class Solution:
 7        def addTwoNumbers(self, l1: Optional[ListNode], l2: Optional[ListNode]) -> Optional[ListNode]:
 8
 9            num1 = self.__addTwoNumbers_helper(l1)
10            num2 = self.__addTwoNumbers_helper(l2)
11
12            # convert num3 to ListNode l3
13            l3_dummy = ListNode(-1)
14            l3_temp = l3_dummy
15
16            i_num1 = len(num1) - 1
17            i_num2 = len(num2) - 1
18
19            while True:
20
21                if i_num1 < 0 and i_num2 < 0:        #1
22                    break
23
24                if i_num1 >= 0 and i_num2 >= 0:
25
26                    c1 = num1[i_num1]                #2
27                    c2 = num2[i_num2]
28
29                    num3 = ord(c1) - ord('0') + ord(c2) - ord('0')  #3
30
31                i_num1 -= 1
32                i_num2 -= 1
```

在做一個位數一個位數的數字相加的時候，我們要多考慮「進位」的情境，因為我們是單個位數相加，所以要記得上個位數做相加時，會有發生進位的可能性，所以下個位數相加時，要把上一輪有進位的數字加進來。

要實作進位時，首先我們在 while 迴圈外，宣告一個變數 carry 預設值帶 0（下圖 #1），這個變數代表進位的數字，接著在計算兩數相加的地方，把 carry 值加上去（下圖 #2），這樣就能夠在做加法時，將 carry 值考慮進去。最後，要判斷最後加總的結果是否大於等於 10，如果有的話，carry 等於 1（下圖 #3），代表有進位的狀況，提供下一輪個位數相加時使用；假如沒有的話，carry 就等於 0（下圖 #4），代表沒有進位的狀況。

```
15
16          i_num1 = len(num1) - 1
17          i_num2 = len(num2) - 1
18
19          carry = 0          ◀───  #1
20          while True:
21
22              if i_num1 < 0 and i_num2 < 0:
23                  break
24
25              if i_num1 >= 0 and i_num2 >= 0:
26
27                  c1 = num1[i_num1]
28                  c2 = num2[i_num2]
29
30                  num3 = ord(c1) - ord('0') + ord(c2) - ord('0') + carry   #2
31
32                  if num3 >= 10:
33                                         #3
34                      carry = 1
35
36                  else:
37                                         #4
38                      carry = 0
39
```

再來，我們要來處理另外一種情境，也就是只有 i_num1 大於等於 0 的情境。

我們加上一個 elif 的判斷式來判斷這個條件（下圖 #1），如果只有 i_num1 大於等於 0 的情況下，我們只需要取 num1 這個字串裡面的數字就好了（下圖 #2），num3 就等於 num1 取出來的位數的數字加上 carry（下圖 #3），然後一樣要判斷 num3 是否大於等於 10，來判定是否有進位給下一輪個位數相加時使用（下圖 #4）。

```Python3
19      carry = 0
20      while True:
21
22          if i_num1 < 0 and i_num2 < 0:
23              break
24
25          if i_num1 >= 0 and i_num2 >= 0:
26
27              c1 = num1[i_num1]
28              c2 = num2[i_num2]
29
30              num3 = ord(c1) - ord('0') + ord(c2) - ord('0') + carry
31
32              if num3 >= 10:
33
34                  carry = 1
35
36              else:
37
38                  carry = 0                    #1
39
40          elif i_num1 >= 0:                     #2
41
42              c1 = num1[i_num1]                 #3
43              num3 = ord(c1) - ord('0') + carry
44
45              if num3 >= 10:
46
47                  carry = 1
48                                               #4
49              else:
50
51                  carry = 0
```

Saved to local

我們到這裡發現，在下圖 #1 if 判斷式中和下圖 #2 的 elif 判斷式中，判斷是否要進位的地方重複了（下圖 #3 以及 #4），因此可以將判斷進位的區塊移動到外面一層。

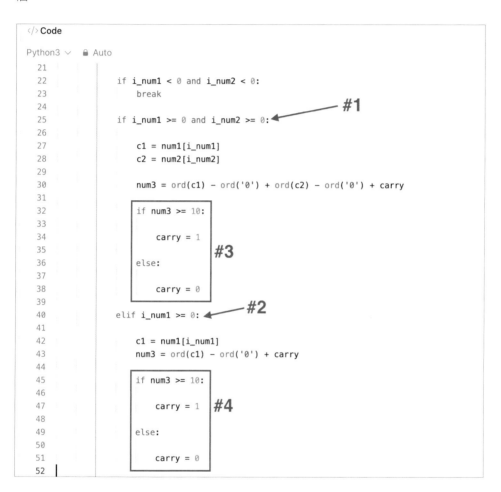

將判斷進位的區塊移動到外面之後（下圖 #1），下圖 #2 和下圖 #3 的 if 判斷式都能夠共用 #1 的程式了。接著，去宣告 num3 變數（下圖 #4），讓此 num3 成為各個狀況的共用變數。

```
22    if i_num1 < 0 and i_num2 < 0:
23        break
24
25    num3 = -1                          #4        #2
26    if i_num1 >= 0 and i_num2 >= 0:
27
28        c1 = num1[i_num1]
29        c2 = num2[i_num2]
30
31        num3 = ord(c1) - ord('0') + ord(c2) - ord('0') + carry
32
33    elif i_num1 >= 0:                   #3
34
35        c1 = num1[i_num1]
36        num3 = ord(c1) - ord('0') + carry
37
38    if num3 >= 10:
39
40        carry = 1
41                                       #1
42    else:
43
44        carry = 0
45
```

然後就要處理最後一個情境，也就是只有 i_num2 >= 0 的情況。所以我們就加上一個 elif 判斷來判斷 i_num2 >= 0 這個條件（下圖 #1），在這個情境中，我們只需要取出 num2 的數字（下圖 #2），然後把這個位數的數字加上 carry 就好（下圖 #3）。而進位部分，則交由統一的程式碼處理即可（下圖 #4）。

```
25              num3 = -1
26              if i_num1 >= 0 and i_num2 >= 0:
27
28                  c1 = num1[i_num1]
29                  c2 = num2[i_num2]
30
31                  num3 = ord(c1) - ord('0') + ord(c2) - ord('0') + carry
32
33              elif i_num1 >= 0:
34
35                  c1 = num1[i_num1]
36                  num3 = ord(c1) - ord('0') + carry
37
38              elif i_num2 >= 0:          ◀━ #1
39
40                  c2 = num2[i_num2]      ◀━ #2              #3
41                  num3 = ord(c2) - ord('0') + carry  ◀━━━━━
42
43              if num3 >= 10:    ◀━━━  #4
44
45                  carry = 1
46              |
47              else:
48
```

再來就是整理將數字轉換成 Linked List 的部分，我們沿用之前寫好的程式碼，
將三行程式碼上移（下圖 #1）。

```
38              elif i_num2 >= 0:
39
40                  c2 = num2[i_num2]
41                  num3 = ord(c2) - ord('0') + carry
42
43              if num3 >= 10:
44
45                      carry = 1
46
47              else:
48          |
49                  carry = 0
50
51              i_num1 -= 1
52              i_num2 -= 1
53
54              if num3 == 0:
55                  break
56
57  #1          digit = num3 % 10
58
59              l3_temp.next = ListNode(digit)
60              l3_temp = l3_temp.next
61
62              num3 = int(num3 / 10)
```

移動之後，結果如下圖 #1。我們將從 num3 取得個位數後（下圖 #2），將取出的個位數建立成 ListNode（下圖 #3），再將 l3_temp 向後指向到 l3_temp.next（下圖 #4）。此外，我們發現下圖 #5 的舊程式碼已經不需要了，所以我們就把 #5 區域的程式移除。

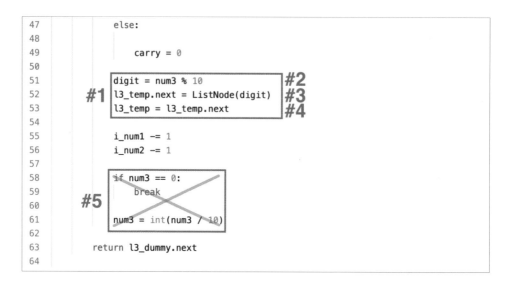

移除不需要的程式之後，結果如下圖，可以看到 56 行之後（下圖 #1），就都清空了，接下來就只有接 return l3_dummy.next 的部分了（下圖 #2）。

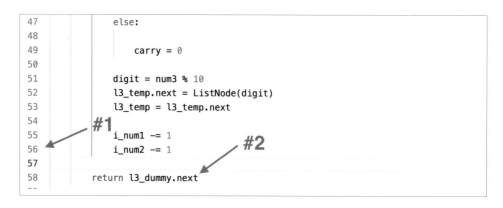

最後我們要處理的事情，是當 while 迴圈結束的時候，我們的 carry 可能還是有值，代表最後一位數的運算結果是可能有進位發生的。因此我們要建立一個 if 判斷式來處

理這個情境，條件就是當 crray > 0 的時候，進入到這個 if 判斷式裡面（下圖 #1），在這個 if 判斷式裡面，只需要直接在結果的 Linked List 後面再加上一個 ListNode（下圖 #2），這個 ListNode 裡面放的數字直接放 1 就可以了，因為進位的數字只會是 1。最後再將 l3_temp 指向 l3_temp.mext 下一個 Node 節點（下圖 #3）。

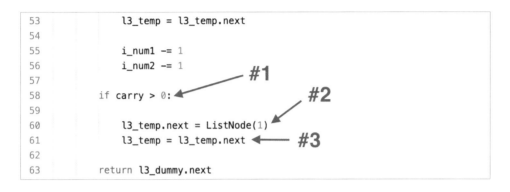

這樣就完成了使用字串來代表數字的實作。

接下來將剛才發生 overflow 情境的例子，加到測試範例中（下圖 #1）。

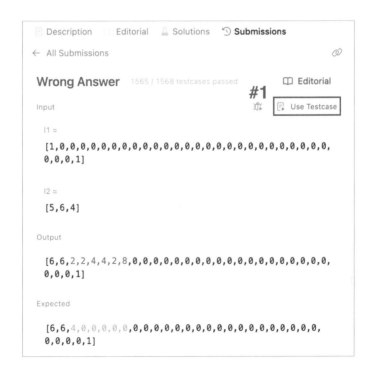

然後重新跑一次程式碼，可以發現這次就不會發生 overflow 了，測試也成功跑過（下圖 #1）。

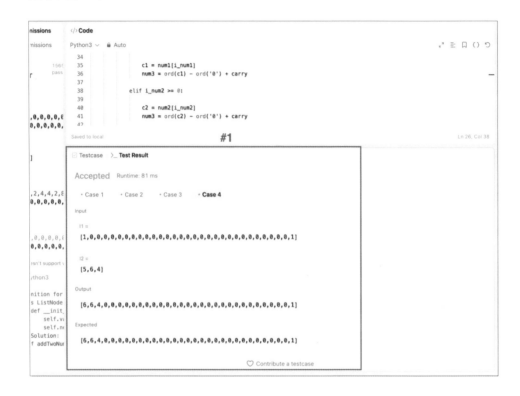

接著把答案 submit 出去（下圖 #1），也成功通過這個題目（下圖 #2）。以上就是這個題目的實作說明。

5-1-8　小結

　　在本節中有一個有趣的實作技巧就是：我們可以使用字串來代表一個無限大的數字，這個觀念是解決 overflow 問題的關鍵。

　　而最重要觀念是我們可以透過「遞迴」的方式，來實現 Stack「後進先出」的概念，持續從 Linked List 的尾巴開始取得 Node 節點來進行運算。

可以看到 __addTwoNumbers_helper() 方法裡面 num_previous 變數，是等到遞迴呼叫的 __addTwoNumbers_helper() return 之後，才開始取到值（下圖 #1），num_previous 取到值後再進行主邏輯的運算（下圖 #2），讓整個數字從後面到前面取得，符合題目顛倒數字的要求，也展現了遞迴衝到底再回頭的特性，或者說 Stack「後進先出」的概念。（附上完整 Python 程式碼）

```
64
65    def __addTwoNumbers_helper(self, node):
66
67        if node == None:                          #1
68            return ""
69
70        num_previous = self.__addTwoNumbers_helper(node.next)
71
72        # main logic                               #2
73        result = num_previous + str(node.val)
74
75        return result
76
```

5-1-9　完整程式碼

```python
# Definition for singly-linked list.
# class ListNode:
#     def __init__(self, val=0, next=None):
#         self.val = val
#         self.next = next

class Solution:
    def addTwoNumbers(self, l1: Optional[ListNode], l2: Optional[ListNode]) ->
Optional[ListNode]:
        num1 = self.__addTwoNumbers_helper(l1)
        num2 = self.__addTwoNumbers_helper(l2)

        ''' use String to represent Number '''
        # convert num3 to ListNode l3
        l3_dummy = ListNode(-1)
        l3_temp = l3_dummy

        i_num1 = len(num1) - 1
```

```
    i_num2 = len(num2) - 1

carry = 0
while True:

    if i_num1 < 0 and i_num2 < 0:
        break

    num3 = -1
    if i_num1 >= 0 and i_num2 >= 0:

        c1 = num1[i_num1]
        c2 = num2[i_num2]
        num3 = (ord(c1) - ord('0')) + (ord(c2) - ord('0')) + carry

    elif i_num1 >= 0:

        c1 = num1[i_num1]
        num3 = (ord(c1) - ord('0')) + carry

    elif i_num2 >= 0:

        c2 = num2[i_num2]
        num3 = (ord(c2) - ord('0')) + carry

    if num3 >= 10:
        carry = 1

    else:
        carry = 0

    digit = num3 % 10
    l3_temp.next = ListNode(digit)
    l3_temp = l3_temp.next

    i_num1 -= 1
    i_num2 -= 1

if carry > 0:
    l3_temp.next = ListNode(1)
    l3_temp = l3_temp.next

return l3_dummy.next
```

```
def __addTwoNumbers_helper(self, node):

    if node == None:
        return ""

    num_previous = self.__addTwoNumbers_helper(node.next)

    # main logic
    result = num_previous + str(node.val)

    return result
```

5-2 Microsoft 白板題：Stack & 遞迴觀念運用

5-2-1 前言

本節要介紹的 LeetCode 題目是 Palindrome Linked List，這題是許多跨國企業 Microsoft、Apple、Amazon 的高頻題，題目連結於 https://leetcode.com/problems/palindrome-linked-list/description/。

5-2-2 題目介紹

那我們就來看看這題要我們做什麼吧。首先，題目會給我們一個 Linked List，接著題目要求去判斷這個 Linked List，是不是以中間點為基準去看，會是「左右對稱」的。如果是對稱的話，程式就要回傳一個布林值 true，反之就回傳布林值 false。

比如說，下圖 head 變數給的這個 Linked List（下圖 #1），就是左右對稱的，因為第一個 Node（下圖 #2）和最後一個 Node（下圖 #3）的數字一樣是 1；第二個 Node（下圖 #4）和倒數第二個 Node（下圖 #5）的數字一樣是 2，我們就可以判斷這個 Linked List 是左右對稱的，所以程式要回傳 true（下圖 #6），表示這個 Linked List 左右對稱。

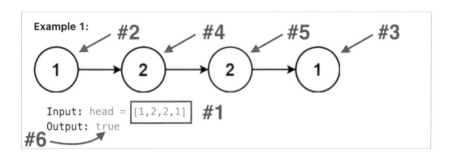

我們再看一個例子，可以看到下圖這個 Linked List（下圖 #1）只有兩個 Node 節點，Node 節點的數字分別是 1（下圖 #2）和 2（下圖 #3）。那我們就開始比較，第一個 Node 是 1（下圖 #2），倒數第一個 Node 是 2（下圖 #3），我們發現這兩個 Node 的數字並不相同，因此判斷這個 Linked List 並不對稱，所以我們的程式要回傳 false（下圖 #4）。

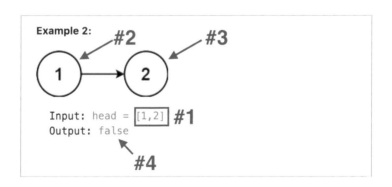

5-2-3　解題思路一：中間切一刀，左右擴展走

　　我們可以用兩個思路來解這題。第一個思路是我們直接將題目給的 Linked List 從中間切一刀，將 Linked List 切成兩段，接著從切點往左右兩邊走，一個一個判斷左右兩邊的 Node 數字是否相同。

　　比如説下方這個 Linked List，我們的切點在下圖 #1 的部分，接著我們以 #1 為起點，開始比對左邊第一個 Node（下圖 #2）和右邊第一個 Node（下圖 #3）的數字是否相同，發現都相同；接著往下比對左邊第二個 Node（下圖 #4）和右邊第二個 Node（下圖 #5）的數字是否相同，發現也都相同，同時左右也都沒 Node 節點繼續走，那麼程式就回傳 true（下圖 #6），代表這個 Linked List 是左右對稱的。然而在這個題目中，我們並沒有方便的方法可以從中間切一刀出發。

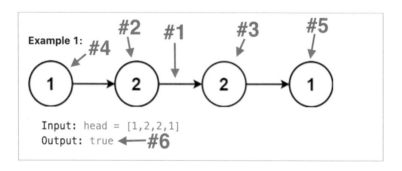

5-2-4　解題思路二：由左而右，由右而左

　　第二個思路是從外側往內側走過題目給的 Linked List，首先由左往右走，並將走過的 Node 數字按照順序記錄起來；再來，由右往左走，並將走過的 Node 數字按照順序記錄起來，最後按照順序來比對這兩個方向所走過 Node 數字是否全部相同。以下圖這個 Linked List 為例（下圖 #1），從左到右走過的 Node 節點數字依序為 1 -> 2 -> 2 ->1，而從右到左走過的 Node 數字依序為 1 -> 2 -> 2 -> 1，我們發現兩個方向走過的數字順序都相同，因此程式要回傳 true（下圖 #2），代表這個 Linked List 是對稱的。

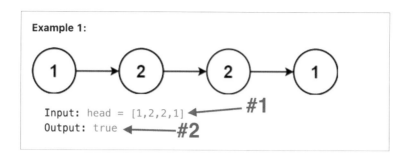

我們發現第二個思路和 Stack 的原理相近，因為可以在從左往右走作 Linked List 時，把走過的 Node 數字塞進 Stack 裡面，接著將 Stack 裡面的數字依序 pop 出來的時候，因為 Stack「後進先出」的原理，我們就可以得到從右往左走的 Node 數字們。

5-2-5　解題方案一：Stack「後進先出」

接下來將使用 Stack 來解這一題。首先，宣告一個變數 stack，stack 變數的值是一個空的 list（下圖 #1），在 Python 中我們可以將 list 當作 stack 來使用，只要是使用 append() 方法添加元素到這個 list 裏面，取出元素的時候只使用 pop() 方法，那這個 list 的行為就和 Stack 是一樣的。

```
1   # Definition for singly-linked list.
2   # class ListNode:
3   #     def __init__(self, val=0, next=None):
4   #         self.val = val
5   #         self.next = next
6   class Solution:
7       def isPalindrome(self, head: Optional[ListNode]) -> bool:
8
9           # steps 1: put into stack(LIFO)
10          stack = []    ← #1
11      |
```

因為題目傳進來的 head 變數是一個 Linked List（下圖 #1），所以需要使用一個 while 迴圈（下圖 #2），來走過題目傳進來的 Linked List。在實作 while 迴圈內的行為之前，我們需要宣告一個變數 head_temp（下圖 #3），然後將 head_temp 變數指向 head 變數的值，也就代表 head_temp 目前指向 Linked List 第一個 Node 節點，待會我們會使用這個 head_temp 變數，來走過題目傳給我們的 Linked List。我們利用 head_temp 變數的原因，是因為使用 head 參數來走過整個 Linked List，會造成沒有任何變數指向 Linked List 第一個 Node 節點的情況。

```
4   #           self.val = val
5   #           self.next = next        #1
6   class Solution:
7       def isPalindrome(self, head: Optional[ListNode]) -> bool:
8
9           # steps 1: put into stack(LIFO)
10          stack = []                      #3
11  #2
12          head_temp = head
13          while True:
```

接下來實作 while 迴圈裡面的行為，在迴圈的每一輪，我們都會將 head_temp 變數所指的 Node 節點，使用 append() 方法放進 stack 裏面（下圖 #1），接著將 head_temp 變數指向 head_temp.next，也就是下一個節點（下圖 #2），迴圈的終止條件是當 head_temp 變數指向 None 的時候（下圖 #3），這代表 head_temp 已經完成全部節點了。

```
10          stack = []
11
12          head_temp = head
13          while True:
14                                  #3
15              if head_temp == None:
16                  break
17                                          #1
18              stack.append(head_temp)
19                                          #2
20              head_temp = head_temp.next
21
```

接著，我們進入到比較左右兩端的階段。首先，一樣要從頭走一次題目給我們的 Linked List。不同的是，在這次走的過程中，我們會從 stack 裏面取出 Node 節點，和當下走到的 Node 節點進行比較，如果一樣就繼續往下走，如果不一樣就直接回傳 False，代表題目給的 Linked List 不是對稱的。

要做到這件事情，首先我們需要再使用一個 while 迴圈（下圖 #1），然後把 head_temp 變數重新指回 head 指向的 Linked List 的起點（下圖 #2），接著在迴圈內每一輪，都會利用 pop() 方法從 stack 取出最上面的 Node 節點，也就是目前最右側的節點（下圖 #3）。接著，把當下走到的 head_temp 節點，與從 stack 取出的 node 節點進行比較（下圖 #4），此時這兩個節點分別為目前「最左邊」與「最右邊」節點，如果兩個 Node 的數字不一樣，就直接回傳 False（下圖 #4），代表題目給的 Linked List 不是對稱的。如果兩個 Node 一樣，我們就繼續將 head_temp 變數指向 head_temp.next，也就是下一個左側的節點（下圖 #5），然後進到下一輪進行比較。while 迴圈的終止條件一樣，是當 head_temp 變數指向 None 的時候就跳脫迴圈（下圖 #6）。

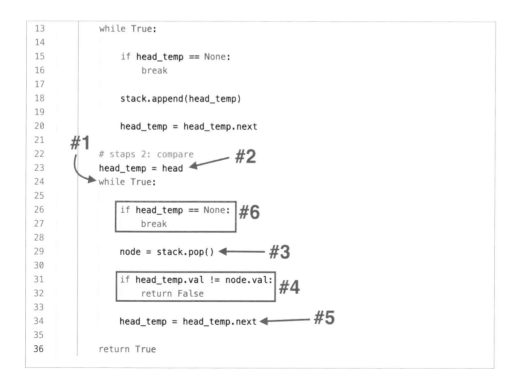

這個 while 迴圈比較的原理，是利用 Stack「後進先出」的行為，比如說第一輪取出的 Node 節點，會是 Linked List 倒數第一個 Node，這個 Node 節點就會和 Linked List 第一個 Node 節點進行比較。以此類推，第二輪就可以讓第二個 Node 和倒數第二個 Node 進行比較，達到了頭尾比較的效果，就能夠透過這種方式來檢查整個 Linked List 是否對稱。

最後當全部比較完之後，如果發現從左到右和從右到左順序走過的 Node 都一樣，就代表題目給的 Linked List 是對稱的，我們程式就直接回傳 True（下圖 #1）。

```
 9      # steps 1: put into stack(LIFO)
10      stack = []
11
12      head_temp = head
13      while True:
14
15          if head_temp == None:
16              break
17
18          stack.append(head_temp)
19
20          head_temp = head_temp.next
21
22      # staps 2: compare
23      head_temp = head
24      while True:
25
26          if head_temp == None:
27              break
28
29          node = stack.pop()
30
31          if head_temp.val != node.val:
32              return False
33
34          head_temp = head_temp.next
35
36      return True          ⟵  #1
```

這樣就完成了所有程式的實作，接著我們跑 test case（下圖 #1），發現我們的程式可以通過所有測試案例（下圖 #2）。

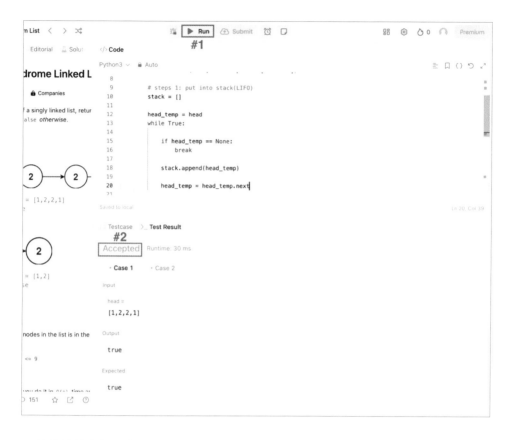

接著將答案提交出去（下圖 #1），發現成功通過了（下圖 #2）。

這樣就代表我們成功解完了這一題。

我們再看一下題目的 Description，發現題目給了我們一個挑戰，他問我們能不能寫出一個時間複雜度是 O(n)，且空間複雜度為 O(1) 的解答（下圖 #1）。

5-2-6　Stack 解法：時間複雜度分析

首先，我們來計算時間複雜度的部分。先看第一個 while 迴圈（下圖 #1）的時間複雜度，這個 while 迴圈將題目給的 Linked List 從頭到尾走過一遍，我們在計算時間複雜度的時候會設定 Linked List 有 n 個 Node 節點，因此這個 while 迴圈的時間複雜度是 O(n)。而在每次的 while 迴圈中，有 stack.append 操作，其時間複雜度為 O(1)（下圖 #2）。因此，第一個 while 迴圈的總時間複雜度為 O(n) * O(1) = O(n)。

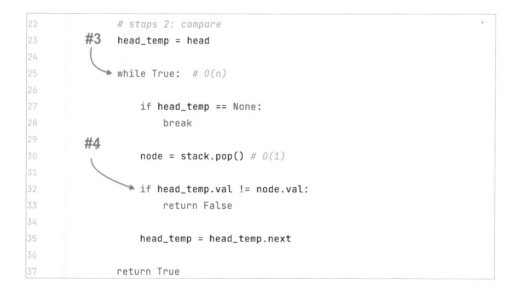

```
9            # steps 1: put into stack(LIFO)
10           stack = []  # ListNode
11  #1       head_temp = head
12
13           while True:  # O(n)
14
15  #2           if head_temp == None:
16                   break
17
18               stack.append(head_temp);  # O(1)
19
20               head_temp = head_temp.next
21
```

接下來看到第二個 while 迴圈（下圖 #3），發現這個迴圈也是把整個題目給的
Linked List 走過一遍，因此這個 while 迴圈的時間複雜度也是 O(n)。而在每次的
while 迴圈中，有 stack.pop 操作，其實時間複雜度為 O(1)（下圖 #4）。因此，第
二個 while 迴圈的總時間複雜度為 O(n) * O(1) = O(n)。

```
22           # staps 2: compare
23  #3       head_temp = head
24
25           while True:  # O(n)
26
27               if head_temp == None:
28                   break
29
30  #4           node = stack.pop() # O(1)
31
32               if head_temp.val != node.val:
33                   return False
34
35               head_temp = head_temp.next
36
37           return True
```

因此，兩個 while 迴圈的時間複雜度加起來是 O(2n)，不過在計算時間複雜度時，
常數 2 可以省略掉，因此整個程式的時間複雜度為 O(n)，有符合題目給的挑戰的
條件！

5-2-7　Stack 解法：空間複雜度分析

　　接著來看空間複雜度的部分，結果發現程式裡面的 Stack（下圖 #1），有將題目給的 Linked List 的所有節點，透過 stack.append 方法全部塞進去（下圖 #2）。而在計算空間複雜度時，也會假設題目給的 Linked List 的總節點數量有 n 個，因此這個解答的空間複雜度為 O(n)，就不符合挑戰要求的空間複雜度是 O(1) 的條件。

```
7      def isPalindrome(self, head: Optional[ListNode]) -> bool:
8
9          # steps 1: put into stack(LIFO)
10         stack = []  ←——  #1
11
12         head_temp = head
13         while True: #O(n)
14
15             if head_temp == None:
16                 break
17
18  #2  →   stack.append(head_temp) # O(n)
19
20             head_temp = head_temp.next
21
22         # staps 2: compare
23         head_temp = head
24         while True:  #O(n)
25
26             if head_temp == None:
27                 break
28
29             node = stack.pop()
30
31             if head_temp.val != node.val:
32                 return False
33
34             head_temp = head_temp.next
35
36         return True
```

　　因此，我們要達到挑戰要求的空間複雜度是 O(1) 的條件，就必須要擺脫掉 Stack 的使用。之前在學遞迴的時候，有說過在程式中遞迴的執行是使用 Stack 的原理來執行，因此接下來我們就使用「遞迴」來取代 Stack，來完成這個題目要求的空間複雜度為 O(1) 的挑戰。

5-2-8 解題方案二：遞迴方法替代 Stack 結構

接下來使用遞迴來取代 Stack。首先，要呼叫一個方法叫做 isPalindrome_helper()（下圖 #1），然後宣告一個變數叫做 head_temp，然後將它的指向題目給的 Linked List 的開頭（下圖 #2），然後把 head_temp 變數作為參數，傳進 isPalindrome_helper() 方法中（下圖 #1）。

```
5    #          self.next = next
6    class Solution:
7        def isPalindrome(self, head: Optional[ListNode]) -> bool:
8
9            head_temp = head          ← #2
10           self.isPalindrome_helper(head_temp)     ← #1
11
12           # steps 1: put into stack(LIFO)
13           stack = []
14
15           head_temp = head
```

再來，我們來實作 isPalindrome_helper() 方法，首先宣告 isPalindrome_helper() 方法，這個方法會接受一個 head 參數，代表一個 Linked List 的 Node 節點（下圖 #1）。接著，這個方法每次會遞迴呼叫自己，並將下一個 Node 節點作為參數傳下去（下圖 #2）。這個遞迴方法的終止條件，就是當 node 參數指向 None 的時候，也就是走完全部 Linked List 後，這個方法就會直接 return（下圖 #3）。

```
6    class Solution:
7
8        def isPalindrome_helper(self, node):          #1
9
10           if node == None:          #3
11               return
12
13           self.isPalindrome_helper(node.next)     #2
14
15       def isPalindrome(self, head: Optional[ListNode]) -> bool:
16
```

再來，使用「後序遍歷」的原理，對 Linked List 的左右兩側節點一一進行比較。首先，要宣告兩個 class 的屬性變數，第一個是 left（下圖 #1），並在一開始將 left 變數 Linked List 的開頭（下圖 #2）。

第二個是 is_p（下圖 #3），用來紀錄 Linked List 是否是對稱的結果，而 is_p 的預設值為 True，假設是會對稱的（下圖 #3）。接下來，在遞迴呼叫方法中，去比對 left.val != node.val（下圖 #4），將目前左側數字與右側數字進行比較，如果這兩個變數所指的 Node 節點的數字不同，就代表題目給的 Linked List 不是對稱的，並將 is_p 設成 False（下圖 #5）。最後，在遞迴方法的最後，將 left 指向 left.next，也就是左側的下一個 Node 節點（下圖 #6）。

```
 6    class Solution:
 7
 8        def __init__(self):
 9            self.left = None          ⟵ #1
10            self.is_p = True          ⟵ #3
11
12        def isPalindrome_helper(self, node):
13
14            if node == None:
15                return
16
17            self.isPalindrome_helper(node.next)
18            # end -> head
19            if self.left.val != node.val:   ⟵ #4
20
21                self.is_p = False        ⟵ #5
22
23            self.left = self.left.next    ⟵ #6
24
25        def isPalindrome(self, head: Optional[ListNode]) -> bool:
26
27            self.left = head          ⟵ #2
28            head_temp = head
29            self.isPalindrome_helper(head_temp)
30
31            return self.is_p
32
33            # steps 1: put into stack(LIFO)
34            stack = []
```

這邊使用遞迴的概念，是當呼叫 isPalindrome_helper() 遞迴方法碰到終止條件後（下圖 #1），才會開始一層層回頭執行。碰到終止條件後 return 回去的第一層方法的 node 參數，就是倒數第一個 Linked List 的 Node 節點，也就是最右側的節點。而這一層的 left 所指向的，會是 Linked List 的第一個 Node 節點，也就是最左側的節點。當這一層比較完畢（下圖 #2），下一層方法的 node 參數就是倒數第二個 Linked List 的節點，而下一層的 left 會是第二個 Linked List 的節點，繼續進行比較（下圖 #2）。以此類推，我們就可以做到針對題目給的 Linked List 進行頭尾比較的效果，讓我們可以判斷這個 Linked List 是否為對稱的，我們的主方法 isPalindrome()（下圖 #3），最後就回傳 is_p 的值（下圖 #4），來表示題目給的 Linked List 是否是對稱的。

```
6   class Solution:
7
8       def __init__(self):
9           self.left = None
10          self.is_p = True
11
12      def isPalindrome_helper(self, node):
13
14          if node == None:          #1
15              return
16
17          self.isPalindrome_helper(node.next)
18          # end -> head
19          if self.left.val != node.val:    #2
20
21              self.is_p = False
        #3
22
23          self.left = self.left.next
24
25      def isPalindrome(self, head: Optional[ListNode]) -> bool:
26
27          self.left = head
28          head_temp = head
29          self.isPalindrome_helper(head_temp)
30
31          return self.is_p      #4
32
```

到這邊遞迴方法的解法就完成了，我們把之前用 Stack 去解題的 code 全部註解掉（下圖 #1）。

```
31          return self.is_p
32
33  #          # steps 1: put into stack(LIFO)      #1
34  #          stack = [] # ListNode
35  #          head_temp = head
36
37  #          while True: # O(n)
38
39  #              if head_temp == None:
40  #                  break
41
42  #              stack.append(head_temp); # O(n)
43
44  #              head_temp = head_temp.next
45
46  #          # staps 2: compare
47  #          head_temp = head
48
49  #          while True: # O(n)
50
51  #              if head_temp == None:
52  #                  break
53
54  #              node = stack.pop()
55
56  #              if head_temp.val != node.val:
57  #                  return False
58
59  #              head_temp = head_temp.next
60
61  #          return True
62
```

然後跑跑看測試案例（下圖 #1），可以發現測試案例全部通過了（下圖 #2）。

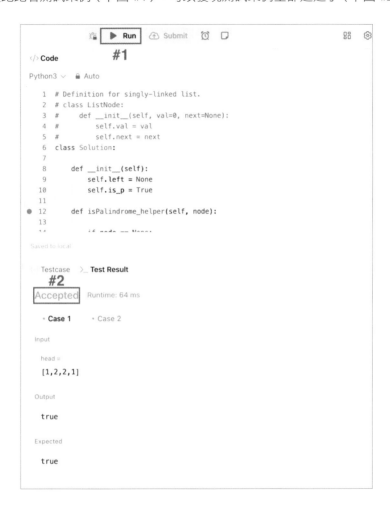

接下來就將答案提交出去（下圖 #1），發現也成功通過（下圖 #1）。

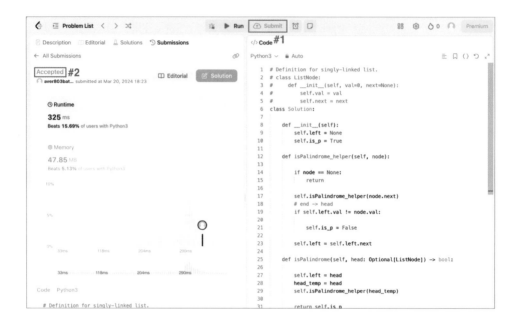

這代表我們成功地實作了使用遞迴來取代 Stack 的解法。

5-2-9　小結

最後總結一下，在第一個解法時，利用 Stack「後進先出」的特性，幫我們拿到從尾巴到頭的 Node 節點順序，可以和原本的 Linked List 進行頭尾比較。而在第二個解法時，使用「遞迴」的方式來替代 Stack 的使用，達到空間複雜度為 O(1) 的要求。之後如果看到有需要使用 Stack 的題目，都可以想想看怎麼使用遞迴的方式，來模擬 Stack 的行為，進而達到節省空間的結果。（附上完整 Python 程式碼）

5-2-10 完整程式碼

```python
# Definition for singly-linked list.
class ListNode:
    def __init__(self, val=0, next=None):
        self.val = val
        self.next = next
class Solution:
    # O(1)
    def __init__(self):
        self.left = None
        self.is_p = True
    def isPalindrome_helper(self, node):
        if node == None:
            return
        self.isPalindrome_helper(node.next)

        # end -> head
        if self.left.val != node.val:
            self.is_p = False
        self.left = self.left.next

    def isPalindrome(self, head: Optional[ListNode]) -> bool:
        self.left = head
        head_temp = head
        self.isPalindrome_helper(head_temp)
        return self.is_p
```

5-3 Google 白板題：Tree 階層 & 遞迴觀念運用

5-3-1 前言

本節要介紹的 LeetCode 叫做 Max Area of Island，這題是 Google 面試的高頻題，題目連結：https://leetcode.com/problems/max-area-of-island/description/。

5-3-2　題目介紹

　　這題會給一個輸入值，它是一個二維陣列（下圖 #1）。這個二維陣列裡面的值只會有 0 和 1 這兩個數字，1 代表的是陸地（下圖 #2），0 代表的是海（下圖 #3）。將二維陣列圖視覺化之後，如下圖。

```
Input: grid = [[0,0,1,0,0,0,0,1,0,0,0,0,0],
[0,0,0,0,0,0,0,1,1,1,0,0,0],[0,1,1,0,1,0,0,0,0,0,0,0,0],
[0,1,0,0,1,1,0,0,1,0,1,0,0],[0,1,0,0,1,1,0,0,1,1,1,0,0],
[0,0,0,0,0,0,0,0,0,0,1,0,0],[0,0,0,0,0,0,0,1,1,1,0,0,0],
[0,0,0,0,0,0,0,1,1,0,0,0,0]]
```

Output: 6

Explanation: The answer is not 11, because the island must be connected 4-directionally.

題目中還有定義一個名詞叫做「島嶼」。島嶼的組成是由相鄰的陸地所組成，而題目對於相鄰的定義是當一塊陸地上、下、左、右，其中一個方向有一塊區域是陸地的話，就算相鄰（下圖 #1）。因此，下圖 #2 和下圖 #3 所指的陸地就不是相鄰的，因為他們並沒有直接相連。

695. Max Area of Island

Medium　　🏷 Topics　　🔒 Companies

You are given an `m x n` binary matrix `grid`. An island is a group of `1`'s (representing land) connected **4-directionally** (horizontal or vertical.) You may assume all four edges of the grid are surrounded by water.

The **area** of an island is the number of cells with a value `1` in the island.

Return *the maximum **area** of an island in* `grid`. If there is no island, return `0`.

Example 1:

#1

#2

#3

（圖表格子）

0	0	1	0	0	0	0	1	0	0	0	0	0
0	0	0	0	0	0	0	1	1	1	0	0	0
0	1	1	0	1	0	0	0	0	0	0	0	0
0	1	0	0	1	1	0	0	1	0	1	0	0
0	1	0	0	1	1	0	0	1	1	1	0	0
0	0	0	0	0	0	0	0	0	0	1	0	0
0	0	0	0	0	0	0	1	1	1	0	0	0
0	0	0	0	0	0	0	1	1	0	0	0	0

（頁側標示）

題目要求的目標，就是要我們的程式回傳二維陣列中「最大的島嶼面積」。

以這張圖為例，最大的面積是下圖 #1 所指的島嶼，面積為 6。

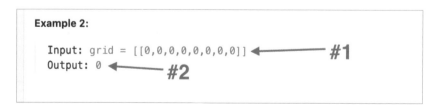

Example 1:

```
Input: grid = [[0,0,1,0,0,0,0,1,0,0,0,0,0],
[0,0,0,0,0,0,0,1,1,1,0,0,0],[0,1,1,0,1,0,0,0,0,0,0,0,0],
[0,1,0,0,1,1,0,0,1,0,1,0,0],[0,1,0,0,1,1,0,0,1,1,1,0,0],
[0,0,0,0,0,0,0,0,0,0,1,0,0],[0,0,0,0,0,0,0,1,1,1,0,0,0],
[0,0,0,0,0,0,0,1,1,0,0,0,0]]
Output: 6
Explanation: The answer is not 11, because the island must
be connected 4-directionally.
```

再看到另一個例子，假如傳入的二維陣列全部都是 0，代表陸地不存在，那我們的程式就直接回傳 0。以上是題目的介紹。

Example 2:

```
Input: grid = [[0,0,0,0,0,0,0,0,0]]      #1
Output: 0            #2
```

5-3-3 解題思路：樹狀遍歷，4 大方向分支

我們的解題思路就是一格一格的遍歷二維陣列的每一個元素，當遇到數字 0，也就是海洋的時候，就略過，不做任何事；當遇到數字 1，也就是陸地的時候，我們會檢查這格陸地的上、下、左、右是否也是陸地，假如也有的話就繼續往那塊陸地走，並開始計算這塊陸地所屬島嶼的總面積，一直到周圍沒有沒走過的陸地，或是走到邊界為止。比如說，當我們走到下圖 #1 的陸地，會發現該塊陸地下方 #2 的區域也是陸地，就會繼續往 #2 的走去；走到 #2 後發現右方 #3 是陸地，就往 #3 走去；走到 #3 後發現右方的 #4 也是陸地，繼續往右方的 #4 走去；走到 #4 後發現上、下、右方皆是海洋，而且 #4 左方的陸地已經走過了，因此就結束計算，算出由 #1、#2、#3、#4 組成的島嶼總面積為 4。

不管走過海洋或是陸地，都需要將走過的格子做記號，避免走到重複的格子。像是這樣一次要往上、下、左、右四個方向分別探索的行為，在程式上就特別適合使用「遞迴」的方式來實作，所以接下來會使用「DFS」的策略搭配「遞迴」的技巧來解這題。

5-3-4 解題實作 I：遍歷島嶼地圖

接下來就開始程式的實作部分，因為要遍歷所有傳入的二維陣列的元素，因此我們需要使用兩個 for 迴圈：第一個是下圖 #1 的 for 迴圈，用來遍歷方法傳入的 grid 這個二維陣列的每一行（row）。第二個則是下圖 #2 的 for 迴圈，用來遍歷 grid 這個二維陣列每一列（col）的每一個元素。而第二個 for 迴圈的長度就代表 grid 的列數（col），因為 grid 的每一行的列數都相同，所以下圖 #2 迴圈的長度就使用 grid[0] 的長度為代表。

```python
1  class Solution:
2      def maxAreaOfIsland(self, grid: List[List[int]]) -> int:
3
4          for row in range(len(grid)):              #1
5
6              for col in range(len(grid[0])):       #2
```

接下來要呼叫一個遞迴方法叫做 __go()，而這個方法是去計算一個島嶼的面積。我們會把 grid 以及當下的行數 row 和列數 col 傳進 __go() 方法中（下圖 #1），然後把結果存到 c_now 這個變數（下圖 #2）。

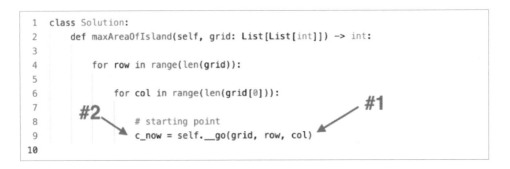

```python
1  class Solution:
2      def maxAreaOfIsland(self, grid: List[List[int]]) -> int:
3
4          for row in range(len(grid)):
5
6              for col in range(len(grid[0])):
7
8                  # starting point               #1
9      #2          c_now = self.__go(grid, row, col)
10
```

接下來要宣告一個變數叫做 c_best，它的值初始化為 0（下圖 #1）。這個變數代表著目前最大的島嶼面積，因此當我們在遍歷 grid 的時候，找到比當前 c_best 更大的島嶼面積時，也就是當 c_now 的值大於 c_best 的值的時候，就會把當前 c_best 的值更新成 c_now 的值（下圖 #2）。最後我們的主要方法要回傳的值就是 c_best，因為它代表著我們遍歷 grid 之後，找到的最大的島嶼面積（下圖 #3）。

```
1   class Solution:
2       def maxAreaOfIsland(self, grid: List[List[int]]) -> int:
3
4           c_best = 0          #1
5
6           for row in range(len(grid)):
7
8               for col in range(len(grid[0])):
9
10                  # starting point
11                  c_now = self.__go(grid, row, col)
12
13                  if c_now > c_best:      #2
14                      c_best = c_now
15
16          return c_best       #3
17
```

5-3-5　解題實作 II：島嶼面積計算的遞迴方法

主邏輯部分實作完成之後，接下來就要來實作 __go() 這個遞迴方法。

首先定義 __go() 方法，這個方法接收三個參數，分別是二維陣列 grid、行數 row 以及列數 col（下圖 #1）。

```
1   class Solution:
2       def maxAreaOfIsland(self, grid: List[List[int]]) -> int:
3
4           c_best = 0
5
6           for row in range(len(grid)):
7
8               for col in range(len(grid[0])):
9
10                  # starting point
11                  c_now = self.__go(grid, row, col)
12
13                  if c_now > c_best:
14                      c_best = c_now
15
16          return c_best
17
18      def __go(self, grid, row, col):     #1
```

__go() 方法裡面做的事情是先向上、下、左、右四個方向走去，並計算每個方向走過去後所計算出來的陸地面積。計算往上走的陸地面積的方式就是呼叫自己，然後傳入的 row - 1，傳入的 col 不變，再將遞迴後取得的面積的值記錄到 c_up 變數中（下圖 #1）。

```
18    def __go(self, grid, row, col):
19
20        # up
21        c_up = self.__go(grid, row - 1, col)    ← #1
22
```

計算往下走的陸地面積的方式就是呼叫自己，然後傳入的 row + 1，傳入的 col 不變，再將遞迴後取得的面積的值記錄到 c_down 變數中（下圖 #3）。

```
18    def __go(self, grid, row, col):
19
20        # up
21        c_up = self.__go(grid, row - 1, col)
22
23        # down
24        c_down = self.__go(grid, row + 1, col)    ← #1
25
```

計算往左走的陸地面積的方式就是呼叫自己，然後傳入的 row 不變，傳入的 col - 1，再將遞迴後取得的值記錄到 c_left 變數中（下圖 #1）。

```
18    def __go(self, grid, row, col):
19
20        # up
21        c_up = self.__go(grid, row - 1, col)
22
23        # down
24        c_down = self.__go(grid, row + 1, col)
25
26        # left
27        c_left = self.__go(grid, row, col - 1)    ← #1
28
```

計算往右走的陸地面積的方式就是呼叫自己，然後傳入的 row 不變，傳入的 col
＋1，再將遞迴後取得的面積的值記錄到 c_right 變數中（下圖 #1）。

```
17
18      def __go(self, grid, row, col):
19
20          # up
21          c_up = self.__go(grid, row - 1, col)
22
23          # down
24          c_down = self.__go(grid, row + 1, col)
25
26          # left
27          c_left = self.__go(grid, row, col - 1)
28
29          #right                                    #1
30          c_right = self.__go(grid, row, col + 1)
31
```

最後將往上、下、左、右走所取得的這些陸地面積加總起來，再加上自己本身
這塊陸地面積，就是一塊島嶼的面積了，再把島嶼的面積作為方法回傳值回傳出去
（下圖 #1）。此外，方法的一開始要將走過的地方做上記號，避免重複走，在這裡
我們將走過格子的數字改成 -1 當作標記（下圖 #2）。

```
18      def __go(self, grid, row, col):
19
20          grid[row][col] = -1 # stepped    ←    #2
21
22          # up
23          c_up = self.__go(grid, row - 1, col)
24
25          # down
26          c_down = self.__go(grid, row + 1, col)
27
28          # left
29          c_left = self.__go(grid, row, col - 1)
30
31          #right
32          c_right = self.__go(grid, row, col + 1)
33                                                        #1
34          return 1 + (c_up + c_down + c_left + c_right)
35
```

最後來為我們的 __go() 方法加上終止條件。第一個條件，是當我們走超過 row 邊界的時候，也就是 row < 0，或是 row >= grid 的長度時（下圖 #1）。當遇到超出 row 邊界的情況，__go() 方法就直接回傳 0（下圖 #2），代表這次方法呼叫沒有計算到任何陸地面積。

```
17
18    def __go(self, grid, row, col):
19
20        if row < 0 or row >= len(grid):          #1
21            return 0          #2
22
23        grid[row][col] = -1 # stepped
24
25        # up
26        c_up = self.__go(grid, row - 1, col)
27
28        # down
29        c_down = self.__go(grid, row + 1, col)
30
31        # left
32        c_left = self.__go(grid, row, col - 1)
33
34        #right
35        c_right = self.__go(grid, row, col + 1)
36
37        return 1 + (c_up + c_down + c_left + c_right)
38
```

第二個終止條件，是當我們走超過 col 邊界的時候，也就是 col < 0，或是 col >= grid[0] 的長度時（下圖 #1），這就代表目前走到的列數超過邊界了。當遇到超出 col 邊界的情況，__go() 方法就直接回傳 0（下圖 #2），代表這次方法呼叫沒有計算到任何陸地面積。

從零搞懂演算法：12 種演算法＋6 種資料結構，超圖解入門

```
18        def __go(self, grid, row, col):
19
20            if row < 0 or row >= len(grid):
21                return 0
22
23            if col < 0 or col >= len(grid[0]):        #1
24                return 0        #2
25
26            grid[row][col] = -1 # stepped
27
28            # up
29            c_up = self.__go(grid, row - 1, col)
30
31            # down
32            c_down = self.__go(grid, row + 1, col)
```

第三個終止條件是當我們走到海的時候，也就是 grid[row][col] == 0 的時候（下圖 #1）。當走到海的時候，__go() 方法就直接回傳 0（下圖 #2），代表這次方法呼叫沒有計算到任何陸地面積。然後不要忘記就算走到的格子是海，我們還是要做上記號，避免這格被重複走過，所以我們也要將這格設定成 -1（下圖 #3）。

```
18        def __go(self, grid, row, col):
19
20            if row < 0 or row >= len(grid):
21                return 0
22
23            if col < 0 or col >= len(grid[0]):
24                return 0
25
26            if grid[row][col] == 0:        #1
27
28                grid[row][col] = -1        #3
29                return 0        #2
30
31            grid[row][col] = -1 # stepped
32
33            # up
34            c_up = self.__go(grid, row - 1, col)
35
36            # down
37            c_down = self.__go(grid, row + 1, col)
38
39            # left
```

最後一個終止條件，是當我們走到的格子，之前已經走過的時候，也就是 grid[row][col] 等於 -1 的時候（下圖 #1）。這個時候 __go() 方法就直接回傳 0（下圖 #2），代表這次方法呼叫沒有計算到任何陸地面積。

```
27
28            grid[row][col] = -1
29            return 0
30
31    if grid[row][col] == -1:          #1
32        return 0      #2
33
```

這樣我們所有的實作就已經完成了，我們來跑看看測試案例（下圖 #1）。發現可以通過所有測試案例（下圖 #2）。

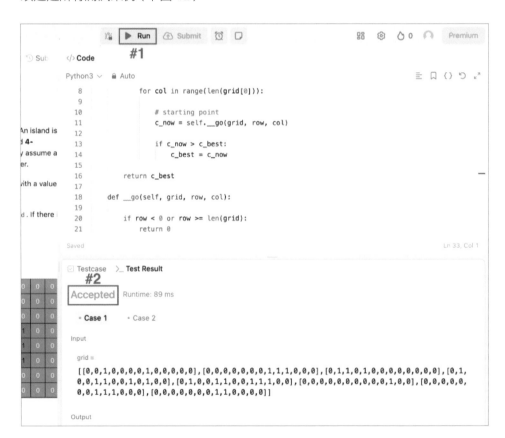

接下來將答案題交出去（下圖 #1），發現通過了（下圖 #2）。這樣就代表我們成功解完這題 LeetCode 題目了。

5-3-6　小結

這題我們使用「遞迴」的實作去進行四個方向的樹狀分支，目的是計算所有島嶼的陸地面積。最後，將全部方向的陸地面積結果加總，比較出最大的島嶼面積作為最後答案。利用「遞迴」去實現多個樹狀分支的遍歷技巧，其實很常被應用在 LeetCode 的解題過程中，因此非常值得熟練起來。（附上完整 Python 程式碼）

5-3-7 完整程式碼

```python
class Solution:
    def maxAreaOfIsland(self, grid: List[List[int]]) -> int:

        c_best = 0

        for row in range(len(grid)):
            for col in range(len(grid[0])):

                # starting point
                c_now = self.__go(grid, row, col)

                if c_now > c_best:
                    c_best = c_now

        return c_best

    def __go(self, grid, row, col):

        if row < 0 or row >= len(grid):
            return 0

        if col < 0 or col >= len(grid[0]):
            return 0

        if grid[row][col] == -1:
            return 0

        if grid[row][col] == 0:
            grid[row][col] = -1
            return 0

        grid[row][col] = -1  # stepped

        # up
        c_up = self.__go(grid, row - 1, col)

        # down
        c_down = self.__go(grid, row + 1, col)

        # left
        c_left = self.__go(grid, row, col - 1)
```

```
# right
c_right = self.__go(grid, row, col + 1)

return 1 + (c_up + c_down + c_left + c_right)
```

5-4 海外求職經驗分享：演算法如何幫我拿到大廠公司錄取通知

5-4-1 「美國矽谷」Google 面試流程解密

- **Online Access（OA）**：自行進行線上 Coding 測試，通常為兩題。人資會根據應徵者經驗，判定是否可以省略此階段。

- **Phone Interview**：面試官與你進行 Coding 測試，時間為 45 分鐘。面試難度約為 LeetCode Medium 難度，期望是你至少能寫出一個效能夠好的解法。

- **On-Site**：多位面試官與你進行四輪測試，每輪約 45 分鐘：包含 3 個 Coding 面試 ＋ 1 個 Behavioral 行為面試。Coding 面試與 Phone Interview 類似；Behavioral 行為面試則要評估你處理問題的能力，此外 Google 還有所謂的 Googliness 的文化，需要將你的回答與公司文化儘可能貼合。

- **Team Match**：恭喜通過面試！再來 Google 將為你找尋合適的團隊加入。

- **Offer**：恭喜完成團隊配對！現在，你將會收到一份正式 Offer，成為 Googler！

快速統計一下，從 OA、Phone Interview、On-Site，總共就包含了 5 輪的 Coding 面試，要能通過海外大廠面試，掌握演算法是必要技能。

5-4-2 拿到面試的 4 大管道：主動出擊，創造機會

首先，先不論你的 Coding 強不強，能不能先拿到面試機會才是第一重點，這邊分享作者本身的求職管理心得：

- **海投**：一般的求職方式，就是海投。去官網等自行投遞履歷，然而這種方式每個人都用，除非你非常突出，否則拿到面試的機率低。

- **求職活動**：利用各種 Job Fair，大量地與各企業人員面對面接觸，並當場遞交履歷。有些特定的 Job Fair 門票一票難求，比如說 Grace Hopper，能夠進入展覽來推銷自己，將能爭取許多面試機會。

- **內推**：對於多數人來說，真正有效率的方式其實是「內推」，也就是透過各公司內部系統去提供履歷。在這個競爭的市場，千萬要避免過於被動害羞；相反的，去用盡你所有的人脈資源，不論是以前學校同學、網上論壇網友、前同事或前男女朋友，主動詢問他們是否能幫你內推，獲取更多面試機會。

- **陌生開發**：利用各大求職平台，特別是 LinkedIn，主動去找出目標公司的員工，並寄出訊息去連結。第一目的，自然是主動爭取面試機會。第二目的，則是與公司內部人員聊聊，去明白不同公司內部面試時的重點，比如說 Amazon 亞馬遜公司有名的 Leadership Principle 考題等，拿到別人沒有的資訊，以提高面試通關機率。

5-4-3 少量刷題→大量 offer：精準練習才是王道

刷題最忌諱什麼都刷，或是設定以達到 X 題數為目標的練習模式。許多人刷題是抱著如果我曾經刷過面試中的那一題，豈不是太好了！？但事實上，許多大廠面試官並不會將一模一樣的 LeetCode 題目搬過去面試中，而是會客製化地根據公司情境做改變，甚至還有出現許多 follow-up 的額外問題。過於依賴之前刷題的經驗，反而會讓你與當下面試官要的方向脫節，變成自嗨式的解題，並於最終收到面試失敗的結果。

刷題要刷得精準，最大的核心就是要有一套「有系統的演算法學習體系」。在一開始，務必耐心地分辨出每個資料結構與演算法的特性、務必分清楚何謂演算法策略、又何為實作風格，把每一樣概念分析得乾乾淨淨後，最後一步才是透過題目的練習，鞏固這些知識。一旦掌握核心概念後，就不要再過度要求自己去練習類似主題，僅需在每次面試前，找出經典題再次練習，恢復手感即可。

5-4-4　3 家面試 x 3 份 offer：100% 錄取率

在作者的海外求職經驗中，我在 LeetCode 完成題數不到 100 題時，就獲取 3 次面試機會，並拿到各自的 3 份 offer，面試成功率 100%。你可能會好奇，我花在 LeetCode 上的時間不多，到底是怎麼通過 Coding 面試的？

事實上，在別人用 90 天寫完 LeetCode 500 題時，我也已經花 80 天去建構我的演算法學習體系，最後只花 10 天的時間去練習 LeetCode 50 題。在我這套體系建立之後，我驚訝地發現，就算過了一年我也只需要短短一個週末的時間，就能快速拿回當初的演算法概念與手感。長期來說，我對於在初期建立「演算法學習體系」所投資的時間，感到十分值得，省了我未來數十年大筆大筆的時間。

這也是本書的撰寫宗旨，在初期學習時，我們務必要鉅細靡遺地去了解每一個演算法步驟，比如仔細去看 DFS 一路走到底的整個遍歷過程。耐心地把多種演算法概念理解並明白區分開來，才能穩健地建立屬於你自己的演算法學習體系，也才讓後續的實作練習變得有意義。

作者的話 & What's Next?

作者的話

　　恭喜大家完成這本書的學習，相信到這邊大家已經對「演算法」與「資料結構」有了深入的認識，能確實評估演算法效能、DFS/BFS 演算法策略、Array/List 特性、Stack/Queue 特性、三大排序法以及五大演算法策略。但這仍是一個開頭而已，演算法涵蓋的內容非常廣而深，比如說紅黑樹、動態規劃（Dynamic Programming）、或是 Quick Sort 排序法等。因此，這邊作者放上後續學習資源，幫助大家繼續演算法的學習體系建立。

「用圖片高效學程式」教學品牌

　　「用圖片高效學程式」為作者長期經營的教學品牌，擅長將複雜的概念，轉換為簡單易懂的圖解動畫。大家可到下方臉書專頁與 YouTube QR Code 獲取最新教學資源，作者會陸續放上最新的學習資源，歡迎有興趣的人加入！

用圖片高效學程式